Arthur Korn · GLAS

Arthur Korn

GLAS

Im Bau und als Gebrauchsgegenstand

Mit einem Nachwort zur Neuausgabe
von Myra Warhaftig

Gebr. Mann Verlag · Berlin

Die Deutsche Bibliothek – CIP-Einheitsaufnahme

Ein Titeldatensatz für diese Publikation ist bei
Der Deutschen Bibliothek erhältlich

Copyright © 1999 by Gebr. Mann Verlag · Berlin

Alle Rechte, insbesondere das Recht der Vervielfältigung und Verbreitung sowie der Übersetzung, vorbehalten. Kein Teil des Werkes darf in irgendeiner Form durch Fotokopie, Mikrofilm, CD-ROM usw. ohne schriftliche Genehmigung des Verlages reproduziert oder unter Verwendung elektronischer Systeme verarbeitet, vervielfältigt oder verbreitet werden. Bezüglich Fotokopien verweisen wir nachdrücklich auf §§ 53, 54 UrhG.

Gedruckt auf säurefreiem Papier, das die US-AINSI-Norm über Haltbarkeit erfüllt.

Umschlag: Wieland Schütz · Berlin
Gesamtherstellung: Jos. C. Huber KG · Dießen

Printed in Germany · ISBN 3-7861-2306-3

GLAS

VON ARTHUR KORN

Glas ist ein außerordentliches Material.

Es brachte im Mittelalter die Schönheit gotischer Glasfenster. Eingeklemmt zwischen Mauerpfeilern öffnete sich in leuchtenden Farben der Eingang ins Paradies aus der Grabesfinsternis.

Nichts von dem Reichtum dieser früheren Gestaltungen ist verloren gegangen. Aber sie hat sich aus anderen Elementen zu neuen Zwecken gebildet. Eine neue Welt des Glases wurde eröffnet, die der alten Welt gotischer Glasfenster an Schönheit nicht nachsteht.

Darüber hinaus jedoch gewannen wir einen entscheidenden Erfolg, indem es gelang, aus dem beigeordneten Glas, das trotz aller schmückenden Kraft, trotz seiner überragenden Bedeutung im Gesamtspiel der Kräfte, trotz seiner Krönung der steinernen Mauern immer noch dienend war, eine selbständige Glashaut zu machen. Nicht mehr Wand und Fenster, wobei das Fenster der alles überragende Teil sein mag, sondern die Wand ist dieses Fenster selbst, das Fenster ist diese Wand selbst.

Und damit ist eine Wendung vollzogen, die gegenüber aller Vergangenheit etwas absolut Neues darstellt: Die Vernichtung der Außenwand, die bisher Jahrtausende lang von irgendeinem festen Material übernommen werden mußte — sei es Stein, Holz oder anderes. In diesem neuen Zustand tritt die Außenwand nicht mehr in Erscheinung. Das Innere, die räumliche Tiefe und die sie erschaffenden, aufbauenden Konstruktionen zeigen sich, durch die Glaswand sichtbar werdend. Sie selbst ist nur noch angedeutet, wird nur gering fühlbar in Reflexen, Brechungen und Spiegelungen.

Und damit zeigt sich die große Eigenart des Glases allen andern bisher angewandten Materialien gegenüber: Es ist da und es ist nicht da.

Es ist die große geheimnisvolle Membrane, zart und stark zugleich. Es schließt und öffnet und nicht nur in einer, sondern in vielen Richtungen. Diese Fülle von

Eindrücken, die das Glas hervorzurufen im Stande ist, macht seine eigentliche Stärke aus. Erst die letzten Jahre brachten die Erkenntnis, daß es sich hier um grundsätzlich neue Möglichkeiten handelt. Einige Beispiele sollen erläutern, was darunter zu verstehen ist.

Nimmt man z. B. das Bauhaus in DESSAU von Gropius, die Häuser von Mies van der Rohe und den Laden KOPP & JOSEPH von Korn, so zeigen sich ganz verschiedene Absichten, in denen das Glas verwandt wurde.

1. Bei dem Speicherbau von Mies van der Rohe (S. 20) und der Eckaufnahme vom Werkstattbau in Dessau (S. 23) sind die hinter einer zarten Glashaut erscheinenden inneren Tiefen der erregende Faktor.
2. Bei dem runden Glashaus von Mies van der Rohe (S. 17) überwiegt mehr die Kraft der reflektierenden und stark spiegelnden Außenhaut und die gebogene, glänzende Glasfläche selbst.
3. Bei dem Laden KOPP & JOSEPH von Korn (S. 137) treten neben der räumlichen Gliederung vor allem die starken Farbakzente hervor, die hinter einer eigentlich nicht vorhandenen Glaswand liegen. Hier spielt diese Glashaut überhaupt keine Rolle mehr, sondern ist das Mittel, das den Abschluß für Wärme u. a. übernimmt.

In diesen Möglichkeiten liegen Gesetze, die gegenüber der Vergangenheit etwas absolut Neues bringen. Denn alle Materialien, wie Stein, Holz, Metall oder Marmor, die eine undurchdringliche Wand darstellen, stehen der exceptionellen Erscheinung des Glases gegenüber, die die Außenhaut zum Nichts auflöst.

Nicht etwa, daß Öffnung und Durchbrechung der Wand nicht als Wunsch und Problem bestand, nicht etwa, daß diese Aufgabe nicht auch gelöst wurde, und die Sichtbarmachung des Innern erfolgte —, nie aber gelang diese wirkliche Abschließung und Trennung zugleich durch eine Membrane. Denn diese schließt den Baukern nicht nur scheinbar nach außen ab, wie der Säulenrhythmus eine gedachte aufgelöste Wand um den Tempelkern zieht, sondern mit allen Wirklichkeiten, die sich für Wärme, Schall und Sicherheit aus einer Wand ergeben.

Es ist klar, daß der Besitz eines derart starken Materials auch den Bau selbst zu etwas Neuem umformen mußte. Und dies ist auch geschehen. Der Glasbau von Mies van der Rohe erweist das Neu- und Andersartige des Glasgesetzes an einem Bau von einmaliger, vollendeter Klarheit. Der Beweis ist hier allerdings in Zusammenhang gebracht mit einem neuen Konstruktionsprinzip, das die gesamte tragende Kraft ins Innere verlegt, wodurch die Außenwand völlig von irgendwelchen tragenden Elementen befreit wird und nichts bedarf, als eine schließende, lichteinlassende Hülle. Dies aber gerade ist das eigentliche Wesen des Glases, das sich hier in dieser aufs Letzte zugespitzten Formel als Lichtöffner und Haut zugleich im Glanz seiner Lichter, Brechungen und Reflexe zeigt. Der zeitweilig freiwerdende Blick in die inneren tragenden Pfeiler steigert noch die Wirkung.

Mögen die Farbenkräfte neuer Beleuchtungen aus Neonlicht mit der Farbenkraft alter gotischer Fenster konkurrieren: Immer handelt es sich bei beiden nur um eine wie immer geartete Farbfläche. Die neue, viel stärkere Wirkung des Glases stellt sich erst da ein, wo es zur Sichtbarmachung räumlicher Tiefen aus sich selbst und seiner ureigensten Anwendung heraus auftritt. Erst hier zeigt es ganz rein, nur auf seinen eigenen schlichtesten Charakter bezogen, die Gewalt, die ihm allein innewohnt. Dieser Eigenexistenz gegenüber bleibt jede, aber auch jede Anwendung, wie farbig, leuchtend und bewegt immer sie auftreten mag, von sekundärer Bedeutung.

Der Auflösung des Außenkörpers entspricht auch eine Auflösung des inneren Gehäuses. Man beschränkt sich nicht nur auf die gläserne Außenwand, sondern auch die inneren Trennwände werden in Glaswände zerlegt, mannigfaltig gestaltet, wie etwa im Mädchenheim in Prag von TYLL (S. 82), in dem man Glaswand auf Glaswand durchschreitend im Innern die gleiche Lichtfülle trifft wie auf der Straße. Werden solche Auflösungen noch mit der Auflockerung des eigentlichen Baukörpers verbunden, so entstehen Gebilde von der Zerbrechlichkeit, wie das Genossenschafts-Haus von LE CORBUSIER (S. 31), oder das Sanatorium Sonnenstrahl in Amsterdam von DUIKER (S. 88).

Was sich im Gesamtbau als stark und neu erwies, zeigt sich ebenso im Einzelteil besonders im wichtigsten Teil des Geschäftshauses — im Laden. Auch hier wieder sogleich die Tendenz möglichster Ausnutzung der aufgelösten Wand selbst durch zwei Stockwerke hindurch, und Vorstoß in die räumliche Tiefe, die gegenüber dem flachen Relief des früheren Schaufensters viel stärkere Möglichkeiten bietet.

Ganz neuartige Folgerungen entstehen auch für die Verwendung einer großzügigen Reklame, wie sie der Großstadtraum verlangt. Man ist heute durch die Anwendung von Glas, Glassteinen, Glasplatten in der Lage, sich eine bei Tag wie bei Nacht gleichmäßig wirkende Reklame-Platte zu schaffen, die mit einprägsamen Marken und Riesenzeichen von 10 bis 15 m Höhe überzogen werden kann. Diese Platte leuchtet des Nachts diffus, wie etwa der Treppenturm von KRAYL in MAGDEBURG (S. 77), während bei Tage im Innern durch die vorgesetzten Zeichen keine wesentlichen Lichtverluste entstehen. Hierdurch ist es möglich, sich auf einer nur für diese Reklame bestimmten Fläche völlig frei zu bewegen, und ist nicht mehr allein von den schmalen Brüstungsstreifen zwischen den Fenstern abhängig, die sonst für die Reklame allein bereit gestellt waren.

Die Fenster als konstruktive Grundelemente der großen Glasfläche mußten naturgemäß ganz neu untersucht werden entsprechend ihrer stärkeren Bedeutung. Dies geschieht einmal infolge der allgemeinen Tendenz, die wenigen auftretenden Elemente des neuen Baues von Grund auf zu untersuchen und durchzuformen, zum andern deshalb, weil gerade das Fenster wohl das exponierteste Element in der Außenwand ist, das andererseits komplizierte Ansprüche an Bewegungsmöglichkeiten stellt, verbunden mit der Forderung, dabei doch nicht sperrig aufzutreten. So entstanden eine ganze Reihe neuer Fensterkonstruktionen, Flügel- und Schiebefenster. Einer dieser neuen Lösungsversuche wird an dem Beispiel eines schweizer Architekten gezeigt (Artaria & Schmidt, S. 105).

Entsprechend dem allgemeinen Vordringen des Glasmaterials hat sich auch eine Heranziehung in immer stärkerem Maße zu andersartigen Aufgaben ergeben. Neben der umfangreichen Verwendung als Beleuchtungskörper, dessen Ansprüche an die Voraussetzungen des Glases in einem besonderen lichttechnischen Aufsatz geschildert sind, verwendet man es wegen seiner Schönheit, Sauberkeit und Unverletzlichkeit in immer größerem Maße zu Möbeln. Der Glastisch von BREUER (S. 209) mag hierfür ein besonders gutes Beispiel geben. Aber auch als Kochgerät in

Jenaerglas und Gebrauchsgerät aller Art bis zu den unendlich feingliedrigen und komplizierten technischen Gläsern zeigt sich die erstaunliche Gestaltungs- und Anwendungsmöglichkeit. Und gerade diese bewunderungswürdigen Gebilde zeigen, wie unerschöpflich noch dieses Gebiet der Glasanwendung und Formung ist, und welche Wunder im täglichen Leben uns noch erwarten dürften, wenn es gelingt, diese Gebilde auf die Dimensionen eines Großbaues mit gläsernen, freischwingenden Spiralenröhren zu übertragen. Die neuen Möglichkeiten, die noch im Glase liegen, anzudeuten, war die Aufgabe dieses Buches.

Es erschien mir zweckmäßig, zur Erläuterung der technischen Einzelheiten die Fachleute selbst zu Worte kommen zu lassen.

INHALTS-VERZEICHNIS

AUFSÄTZE:

KORN, Arthur, Glas 5
DEUTSCH, Ernst, Opakglas 46
LIESE, Paul, Luxfer-Prismen 68
Verein Deutscher Spiegelglasfabriken G. m. b. H., Kristall-Spiegelglas 160
GEHRICH, Oscar
    Mosaik 220
    Technik der Glasmalerei 228
OSRAM, G. m. b. H., Das Glas in der Lichttechnik 234

ABBILDUNGEN:

ABEL & MEHRTENS
    Lagerhaus in Köln 39
A.-G. FÜR GLASFABRIKATION, Bernsdorf, O.-L.
    Glasbausteine aus Preßglas 71
ALBERS, Josef
    Glasfenster .... 229—233
ARTARIA & SCHMIDT
    Fenster .... 108—109
AUGSBURGER BUNTWEBEREI
    Decke aus Luxfer-Fliesen 69
BARTNING, Otto
    Kinderheim .... 130—131
BAUMANN, Peter
    Läden in Köln .... 154—159
BERLAGE, H. P.
    Kirche der Christian Science, Den Haag .... 80—81
BREUER, Marcel
    Glastisch 209
BRINKMANN J. A. & VAN DER VLUGT L. C.
    Tabakfabrik van Nelle, Rotterdam 33
BIENENKORB
    Holländisches Warenhaus 129
BUYS, Jan W. E.
    Cooperative de Volharding .... 40—41
LE CORBUSIER & PIERRE JEANNERET
    Genossenschafts-Haus in Moskau 31
    Einfamilien- und Doppelwohnhaus, Stuttgart ..... 99—100 u. 103
    Haus in Auteuil .... 104—105
    Atelierhaus .... 106—107
    Haus am Genfer See 101
    Landhaus 102
DEUTSCHE REICHSBAHN
    Oberlichtanlage der Königstraßen-Unterführung,
    Stuttgart-Cannstatt .... 74—75

DÖCKER, Richard   Seite
    Lichthaus, Luz . . . . 56—57
DUIKER, J.
    Sanatorium Sonnenstrahl, Amsterdam . . . . 88—91
FUCHS, Bohuslaw
    Fassade in Brünn 42
FUCHS, Josef
    Ausstellungspavillon 127
FUCKER, E. und O.
    Musik- und Photohaus, Frankfurt a. M. . . . . 140—143
GABO, N.
    Russisches Ballet von Serge Diaghileff 253
GINSBURG
    Haus der Orgametall 36
    Glasschrank einer Ausstellung der Tschecho-Slovakei 205
GROPIUS, Walter
    Bauhaus Dessau . . . . 22—27
    Bürogebäude auf der Werkbundausstellung, Köln 1914 29
    Meistersiedlung Dessau, Damentoilettentisch . . . . 200—201
    Glasschrank 198
GUIVREKIAN, G.
    Mosaikgarten 227
GUTKIND, Erwin
    Kinderheim Lichtenberg . . . . 118—119
    Siedlung Berlin 121
HAESLER, Otto
    Turnhalle der Volkshochschule 73
    Wohnhaus . . . . 114—115
    Schule in Celle 189
HASTINGS (Mich.)
    Fabrikgebäude 32
HOCHBAUAMT, Frankfurt a. Main
    Fahrkartenschalter 145
KLEIN, Cesar
    Dekoratives Mosaik 225
KORN, A., und S. WEITZMANN
    Entwurf eines Bürohauses 43
    Mittelteil eines Geschäftsviertels 45
    Laden Kopp & Joseph . . . . 137—139
    Glasschrank aus dem Laden Kopp & Joseph 197
    Glasschrank 207
    Lampe 243
KÖNIGSBERG, Inneres der Reichsbank 195
KRAYL
    Ortskrankenkasse Magdeburg . . . . 76—77
KREJCAR, Jaromir
    Inneres eines Kaufhauses in Prag 186
KROKA, G.
    Restaurant 177

KROHA, Jiri Seite
    Ausstellungspavillon, Brünn 67
LUCKHARDT, Brüder, und ALFONS ANKER
    Telschow-Haus in Berlin 47
    Projekt eines Geschäftshauses 49
    Königin-Bar, Kurfürstendamm 51
    Tauentzienstraße 3 53
    Fleischerladen Kaufmann 134
    Galerie Thannhauser 135
    Speisezimmer 171
    Innenraum . . . . 202 – 203
LANDESHOCHSCHULE für Glasinstrumententechnik, Ilmenau
    Geblasene große Kühlschlange 249
    Geisslersche Röhren 251
    Großer Destillationsapparat 250
LEERDAM, Fabrik
    Zwei Gebrauchsgläser 219
MALLET-STEVENS, Robert
    Schwimmbad 175
MAY, ERNST
    Inneres der Wohnhalle in Frankfurt a. M. 183
MENDELSOHN, Erich
    Mossepavillon der Pressa in Köln 44
MIES van der ROHE
    Glashaus 17
    Projekt Adam 18
    Glashaus Stuttgart 19
    Bürohaus 20
    Projekt Turmhaus Berlin, Friedrichstraße 21
    Mietswohnhaus Stuttgart 95
    Ausstellung Spiegelglas, Stuttgart . . . . 161 - 169
    Innenraum im Wohnhausblock 185
MOSER, Werner
    Bürohaus in Chicago 35
OSRAM . . . . 235 – 239
PAUL, Bruno
    Warenhaus Sinn, Gelsenkirchen 55
    Glasausstellung . . . . 191—193, 211—217, 245 und 247
PHILLIPS-WERKE
    Glasdach 179
PINTSCH
    Glühbirne 241
PNIEWSKI und SIENIKI
    Ausstellungsportal, Warschau 66
PRESSA
    Staatenhaus . . . . 60 – 61
    Hauptrestaurant 181
PUHL und WAGNER, Gottfried HEINERSDORF
    Mosaikplatten und Mosaikwürfel 221
    Wandmosaik 223

	Seite
RADING, Rudolf	
Haus der Mohren-Apotheke, Breslau	58—59
RIETVELD,	
Laden Zaudy, Wesel	111
Juwelierladen, Amsterdam	147
RIPHAHN und GROD	
Laden Rosenberg	149
Innenansicht des Ladens	151
ROECKLE, Franz	
Handwerkersiedlung Eschersheim	117
SARTORIS, Alberto	
Entwurf Büro und Wohnhaus	92—93
Entwurf Wohnhaus Turin	112—113
SCHAROUN, Hans	
Einfamilienhaus in Stuttgart	125
SCHNEIDER, Karl	
Haus Römer	122—123
Haus Römer, oberer Korridor	187
Laden Hammerschlag	153
Laden Hammerschlag, Inneres	199
Haus Michaelsohn	173
SCHUMACHER, Hans	
A. D. G. B. Pavillon auf der Pressa in Köln 1928	61a—61d
SPALEK, Alois	
Saal für Mikroskopie in Hlavas Anstalt in Prag	178
STAATLICHES HOCHBAUAMT, Braunschweig	
Operationssaal	192
STAM, Mart	
Reihenhäuser Weißenhofsiedlung, Stuttgart	96—97
STÄDTISCHES HOCHBAUAMT, Frankfurt a. M.	
Großgarage	182
Elektrizitätswerk	128
STRAUMER, Heinrich	
Funkrestaurant	188
TYLL, Oldrich	
Mädchenheim in Prag	82—85
Messehaus in Prag	87
UNIVERSITÄTSKINDERKLINIK, TÜBINGEN	
Boxenstation	133
WESSNIN, W. A. und A. A.	
Warenhaus für Moskau	37
WERSIN, W. v.	
Ausstellungshalle in München	176
WILS, Jan	
Stadion für die Olympiade Amsterdam	79

ABBILDUNGEN

MIES VAN DER ROHE. GLASHAUS

MIES VAN DER ROHE. PROJEKT ADAM, BERLIN

MIES VAN DER ROHE. GLASHAUS, STUTTGART

MIES VAN DER ROHE. BÜROHAUS

MIES VAN DER ROHE. PROJEKT TURMHAUS, FRIEDRICHSTRASSE

WALTER GROPIUS. BAUHAUS, DESSAU

WALTER GROPIUS. BAUHAUS DESSAU, WERKSTÄTTENBAU

WALTER GROPIUS. DREI ANSICHTEN VOM BAUHAUS, DESSAU

WALTER GROPIUS. BAUHAUS, DESSAU

WALTER GROPIUS. WERKSTÄTTENBAU DES BAUHAUSES, DESSAU

WALTER GROPIUS. WERKBUNDAUSSTELLUNG, KÖLN 1914, BÜROGEBÄUDE

LE CORBUSIER UND P. JEANNERET

GENOSSENSCHAFTSHAUS, MOSKAU

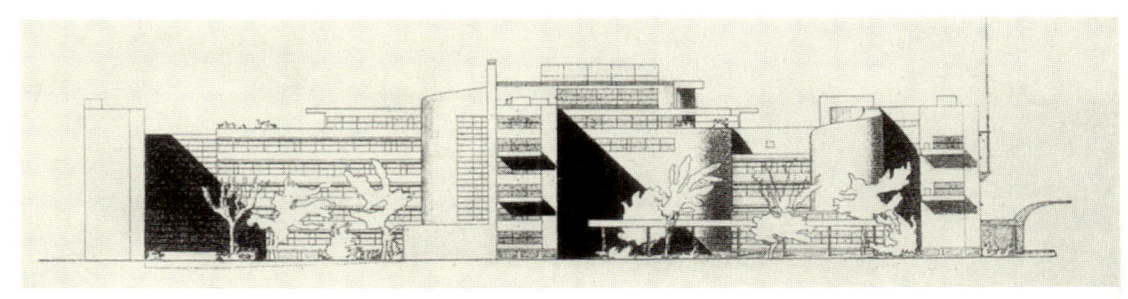

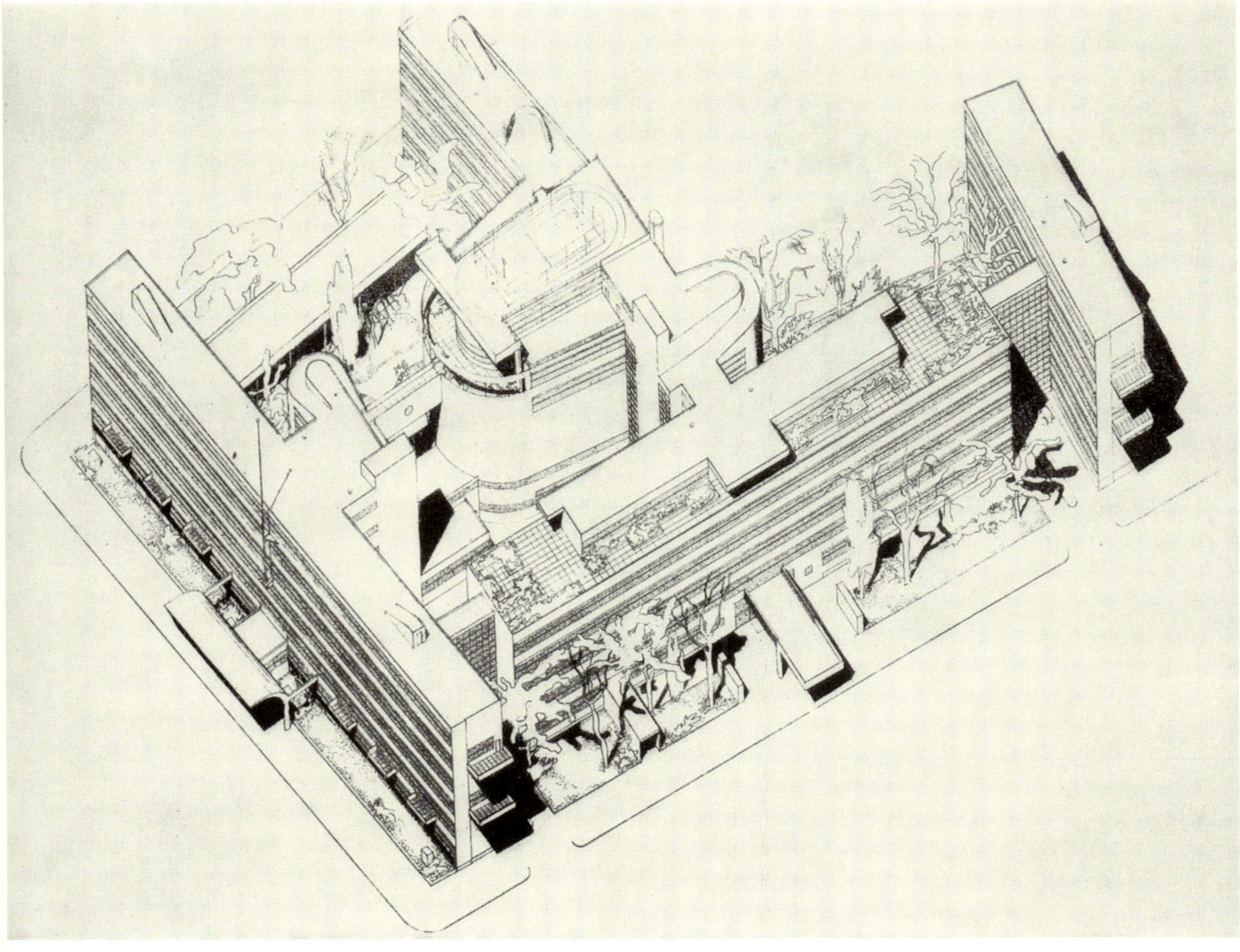

31

HASTINGS (MICH.) FABRIKGEBÄUDE

J. A. BRINKMANN UND L. C. VAN DER VLUGT
TABAKFABRIK VAN NELLE, ROTTERDAM

WERNER H. MOSER. BÜROHAUS IN CHICAGO

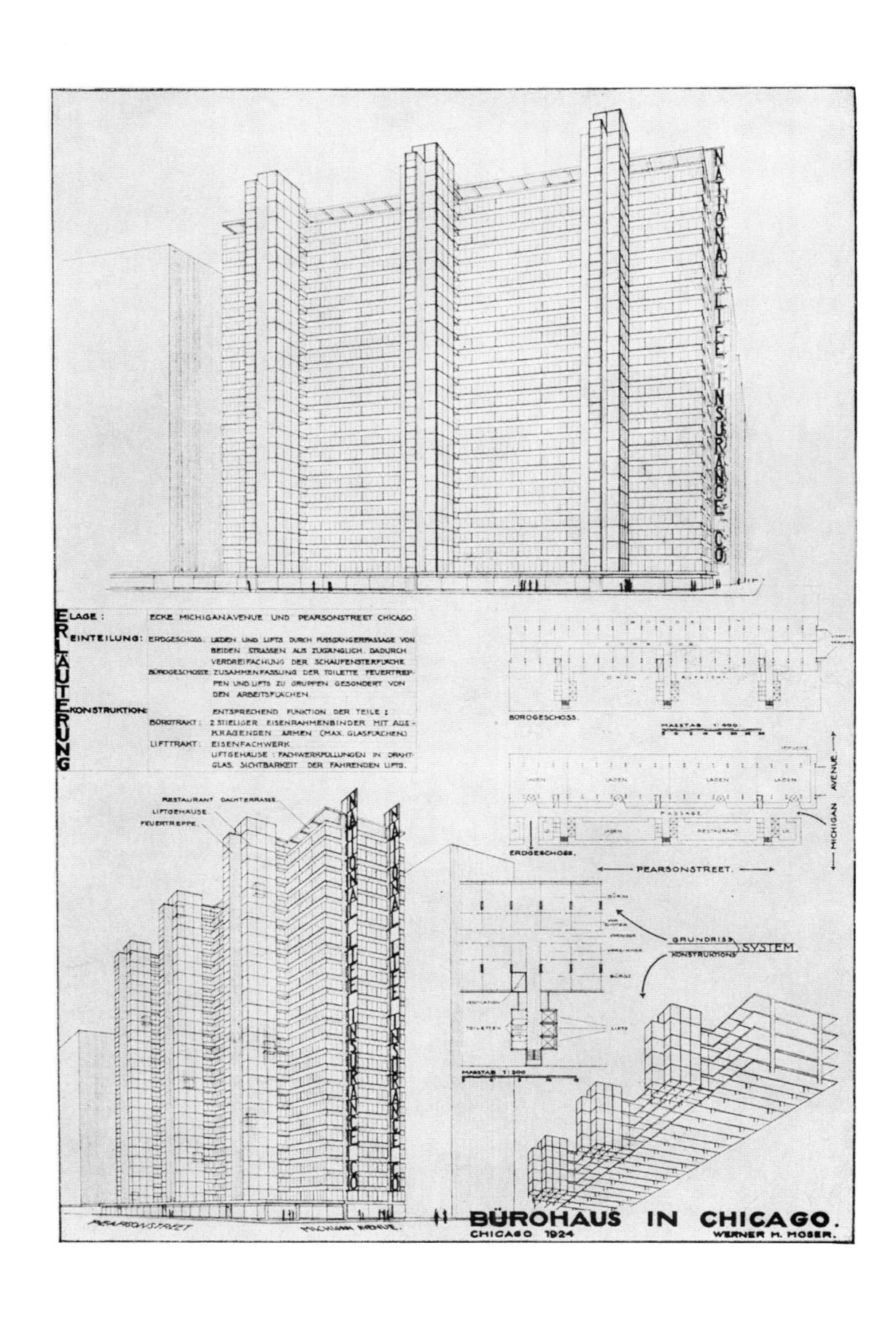

Go After Them!
Fourteen-Seventy

ТЕЛЕГРАФ
ТЕЛЕГРАФ
20
57
20
57

OBEN: W. A. UND A. A. WESNIN. WARENHAUS FÜR MOSKAU

LINKS: GINSBURG. HAUS DER ORGAMETALL

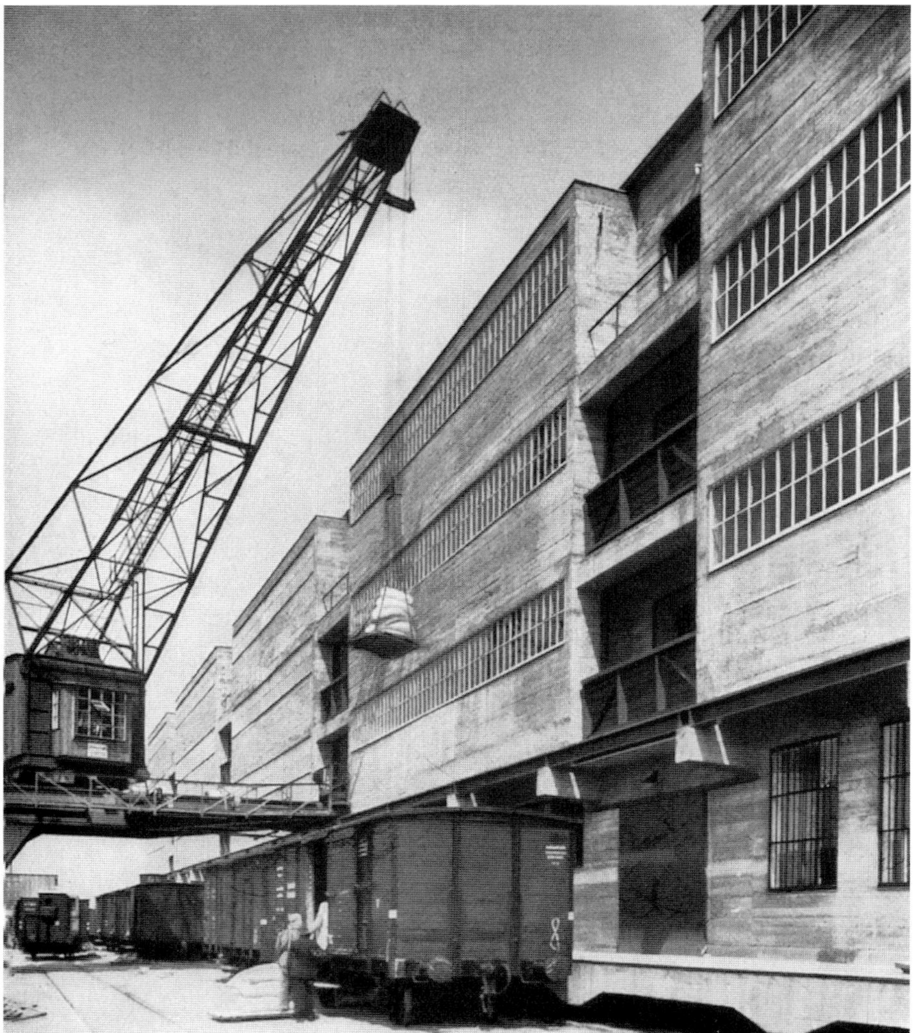

STADTBAUDIREKTOR ABEL UND STADTBAURAT MEHRTENS. LAGERHAUS, KÖLN

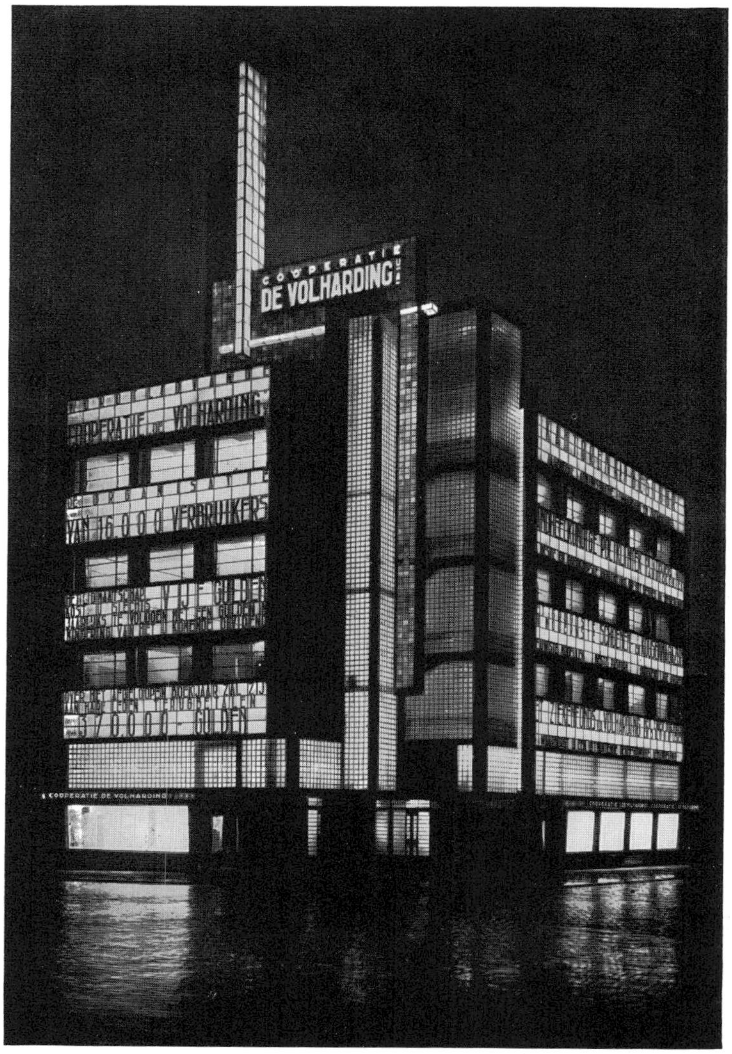

J. W. E. BUYS. COOPERATIVE DE VOLHARDING

BOHUSLAW FUCHS. FASSADE IN BRÜNN

A. KORN UND S. WEITZMANN, GESCHÄFTSHAUS FRIEDRICHSTRASSE, BERLIN

ERICH MENDELSOHN. MOSSEPAVILLON AUF DER PRESSA, KÖLN

A. KORN UND S. WEITZMANN. MITTELTEIL EINES GESCHÄFTSVIERTELS

OPAKGLAS

Das Opakglas ist an sich ein seit Jahrzehnten bekanntes Material, das allerdings früher vornehmlich in den Farben schwarz als sogenanntes Schwarzglas und weiß als Alabasterglas verwandt wurde. Als maschinell geschliffenes und poliertes Material ist es in seinen Eigenschaften mit dem Spiegelglas zu vergleichen, nur besteht der Unterschied, daß es nicht wie dieses durchsichtig ist und dementsprechend andere Verwendungszwecke hat. Es ist säurefest, verwittert nicht, kann also rücksichtslos gesäubert werden, ist nicht porös, bietet daher Bakterien und Unsauberkeiten keine Schlupfwinkel, nimmt keine Gerüche an und auch keine Haarrisse.

Wir lassen nun eine kurze Beschreibung des Fabrikationsganges folgen.

Der Prozeß beginnt mit der Vorbereitung des Gemenges; dieses ist heute kein Geheimnis. Die Hauptbestandteile sind Sand, Soda, Glaubersalz und Kalkstein, also genau wie bei dem Kristallspiegelglas, nur daß diesen Glasflüssen sogenannte Trübungs- und Färbemittel hinzugefügt werden. Bei Alabasterglas setzt man Kryolith zu, bei Schwarzglas Braunstein, bei farbigen Gläsern chromsaures Kali, Kupferoxydul, Schwefelkadmium usw. je nach der Farbe. Der Sand wird bestimmten Sandgruben reinen Vorkommens entnommen, gewaschen und getrocknet. Der Kalkstein wird in Brüchen möglichst eisenfrei gebrochen, von Verunreinigungen befreit und fein gemahlen. Glaubersalz ist ein Kunstprodukt aus Umsetzung von Kochsalz in Glaubersalz durch die aus den Abgasen von Zinkhütten oder Schwefelkieshütten gewonnene Schwefelsäure.

Die Vorbereitung des Gemenges, das ist das rezeptmäßige Schmelzgut aus obigen Materialien, geschieht in der Gemengekammer, welche im modernen Betrieb mit Mahlmaschinen, Mischmaschinen, Lagersilos und Transportvorrichtungen zur Schmelzhalle versehen ist.

Es folgt dann der Schmelzprozeß selbst. Doch vorher müssen wir die Wannen betrachten, die den erforderlichen hohen Temperaturen flüssigen Glases standhalten

GEBRÜDER LUCKHARDT UND ANKER. TELSCHOWHAUS, BERLIN

müssen. Dies sind feuerfeste Gefäße, sogenannte Häfen, in Form einer Badewanne. Die Häfen werden hergestellt aus einem Gemisch feuerfester Tone. Sie sind etwa 180 cm lang und 120 cm breit und werden in mühseliger Handarbeit aufgebaut. Dann müssen sie einen 8- bis 10-monatigen Trocknungsprozeß durchmachen, bis sie vollkommen lufttrocken sind; nur so wird ein Reißen derselben vermieden. Bevor die Häfen ihrer Bestimmung im Schmelzofen zugeführt werden, werden sie aufgetempert, d. h. in den sogenannten Temperöfen innerhalb einiger Tage bis auf ca. 1000° C vorgewärmt. Die Schmelzöfen enthalten zwischen 12 und 20 Häfen je nach Beschäftigungsgrad. Sie werden durch Gas geheizt, das in einer Generatorenanlage erzeugt wird.

Nun schaufelt man das Gemenge in die Häfen, die im Ofen stehen.

Sind die Häfen gefüllt, so wird im Schmelzprozeß die Glasmenge bis auf 1500 bis 1600° C erhitzt. Bei dieser Temperatur ist das Gemenge eine kochende Masse geworden. Es wird jetzt durch Abstellen des Gases der Schmelzprozeß zum Stillstand gebracht, damit das Glas läutern kann. Ist die Temperatur dann auf 1050 bis 1150° C gesunken, so kann der Guß erfolgen. Der ganze Schmelzprozeß dauert etwa 24 Stunden.

Der Guß selbst beginnt, indem die Häfen mit dem gußfertigen Glas mittels einer schweren, fahrbaren Zange aus dem Ofen herausgenommen, von einer im Laufkran befestigten Zange gefaßt und zum Gießtisch gefahren werden. Dieser ist eine aus verschiedenen gußeisernen Balken von 15 cm Stärke zusammengesetzte Platte, etwa 7,5 m lang und 4,25 m breit. Sie wird mit Sand beworfen, damit die Glasmasse auf dem Tisch nicht festklebt. Der Gießkran fährt über den Gießtisch, und der in der Glaszange hängende Hafen wird ausgekippt. Eine etwa 10 Tonnen schwere eiserne Walze rollt dann über das Schmelzgut. Die Stärke des gewünschten Glases wird bestimmt durch auf dem Gießtisch liegende Flacheisen, auf welchen die Walze rollt. Elektrische Drahtseile treiben die Trommeln, welche die Walzen in Bewegung setzen und die Glasmasse in eine große Scheibe auswalzen. Innerhalb weniger Sekunden erstarrt die Glasmasse infolge niedriger gewordener Temperatur und der Verbindung mit dem kalten Tisch zu einer Platte, die von dem Gießtisch

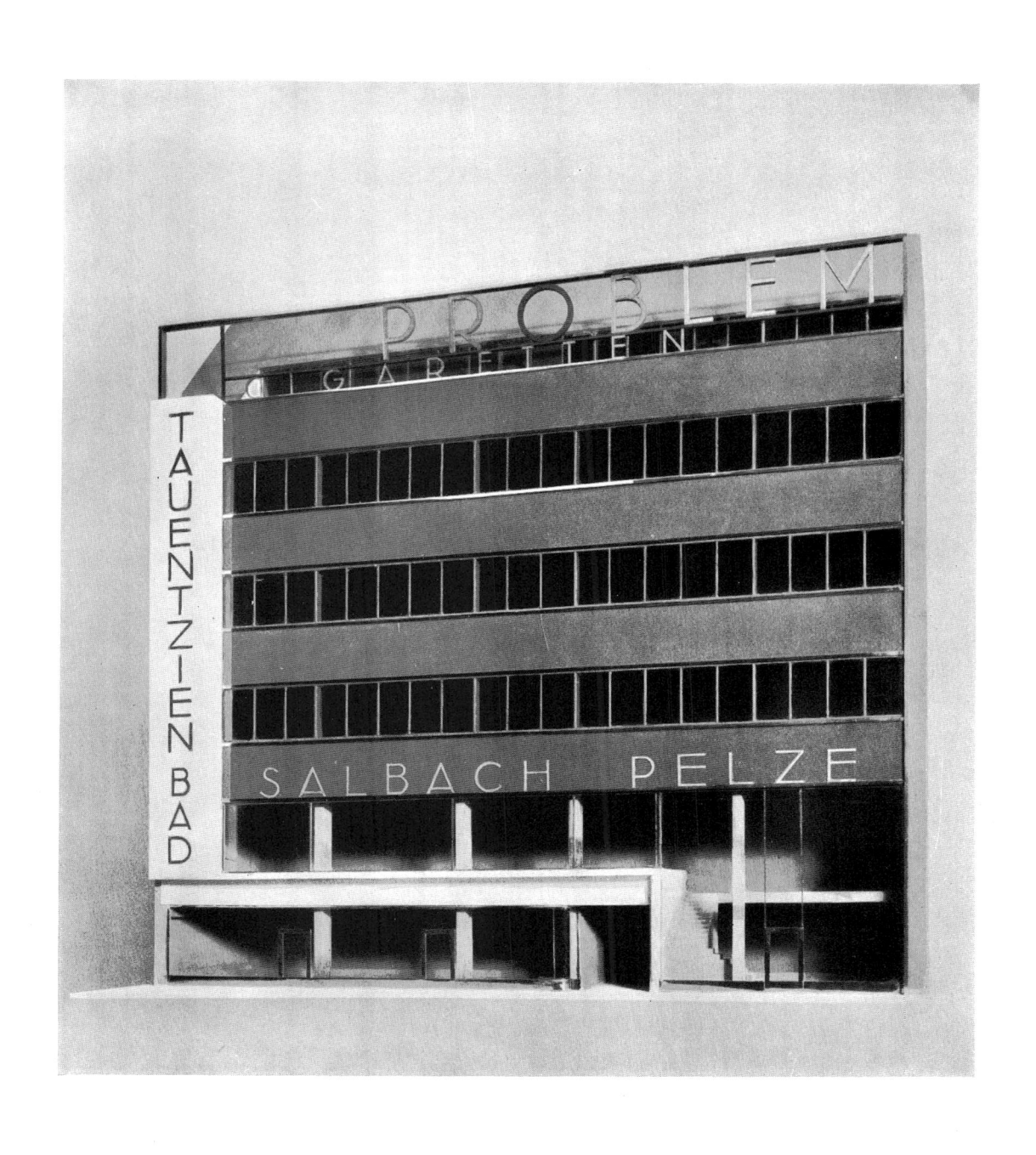

GEBRÜDER LUCKHARDT UND ANKER. ENTWURF TAUENTZIENSTRASSE 11

in den sogenannten Kühlofen eingeschoben wird. Dieser Kühlofen hat bei Aufnahme der Platte eine Temperatur von etwa 600 bis 700⁰ C. Die Platte ist in diesen Kühlöfen natürlicher Kühlung ausgesetzt, dadurch, daß weitere Befeuerung des Ofens eingestellt wird, so daß nach 3 bis 4 Tagen je nach der Stärke des Glases der Ofen geöffnet und die Glasplatte herausgeholt werden kann. Die Platte wird mittels elektrisch angezogener Drahtseile aus dem Kühlofen heraus auf den sogenannten Schneidetisch gezogen, hier auf Fehler untersucht und auf die gewünschten Untergrößen mittels Stahlschneidräder zugeschnitten. Die Fabrikation des Rohglases ist hiermit beendet, und das Glas wird nunmehr durch Transportwagen einer anderen Betriebsabteilung, der Schleife, zugerollt.

Mittels eines Saugrahmens — das Glas wird durch ein Vakuum an einen mit Gummitellern versehenen Rahmen angesogen — werden die einzelnen Scheiben wagrecht auf große runde gußeiserne Tische mit einem Durchmesser von etwa 7,5 m verlegt und in eine Gipsschicht eingebettet. Der Gips verbindet das Glas mit dem Tisch so fest, daß die beim Schleifprozeß sich stark auswirkende Zentrifugalkraft die einzelnen Scheiben nicht vom Tisch schleudern kann. Elektrische Schiebebühnen fahren die Tische unter die Schleifapparate, wo durch Sand, Wasser, Schmirgel und eiserne Schleifleisten geschliffen wird. Runde Schleifblöcke, die an ihrer unteren Fläche eiserne Roste, die sogenannten Schleifleisten, haben, drücken auf den in rotierende Bewegung gesetzten Tisch. Ist der Schleifprozeß beendet, so wird der Tisch unter den gegenüberliegenden Polierapparat gefahren, der dieselbe Einrichtung des Schleifapparates hat, nur daß hier die Schleifblöcke durch Polierblöcke ersetzt sind; dies sind mit großen Filzen versehene rotierende Scheiben, welche durch Poliermittel (Eisenoxyd) das Glas bearbeiten. Nach einer gewissen Zeit zeigt das Glas nicht nur eine vollkommen ebene Fläche, sondern auch eine glänzende Politur. Das Glas ist nur auf einer Seite geschliffen und poliert. Wünscht man dieselbe Bearbeitung auch auf der anderen Seite, so wird das Glas gewendet und nochmals entsprechend bearbeitet. Das fertig polierte Glas wird aus seinem Gipsbett befreit und einer dritten Betriebsabteilung, dem Magazin, zugeführt. Dort wird das Glas zugeschnitten, d. h. es werden die Fehler im Glase festgestellt und herausgeschnitten,

BRÜDER LUCKHARDT UND ALFONS ANKER

KÖNIGIN-BAR. KURFÜRSTENDAMM 235, BERLIN

fehlerhafte Gläser werden ausgemerzt, und das verbleibende Glas wird auf Größen vorliegender Aufträge oder auf Lagergrößen zugeschnitten.

In einer vierten Betriebsabteilung. Veredelungsbetrieb, erhält je nach Auftrag das geschnittene Glas Kantenschliff, wird mit Lochbohrungen versehen usw., wie die Aufträge dieses vorschreiben.

Opakglasplatten lassen sich auch biegen in denselben Ausführungen wie Spiegel- und Tafelglas; solche gebogene Gläser sind von hervorragender architektonischer Wirkung.

ERNST DEUTSCH

BRÜDER LUCKHARDT UND ALFONS ANKER. TAUENTZIENSTRASSE 3, BERLIN

BRUNO PAUL. WARENHAUS SINN, GELSENKIRCHEN

FASSADE GRÜNES OPAKGLAS

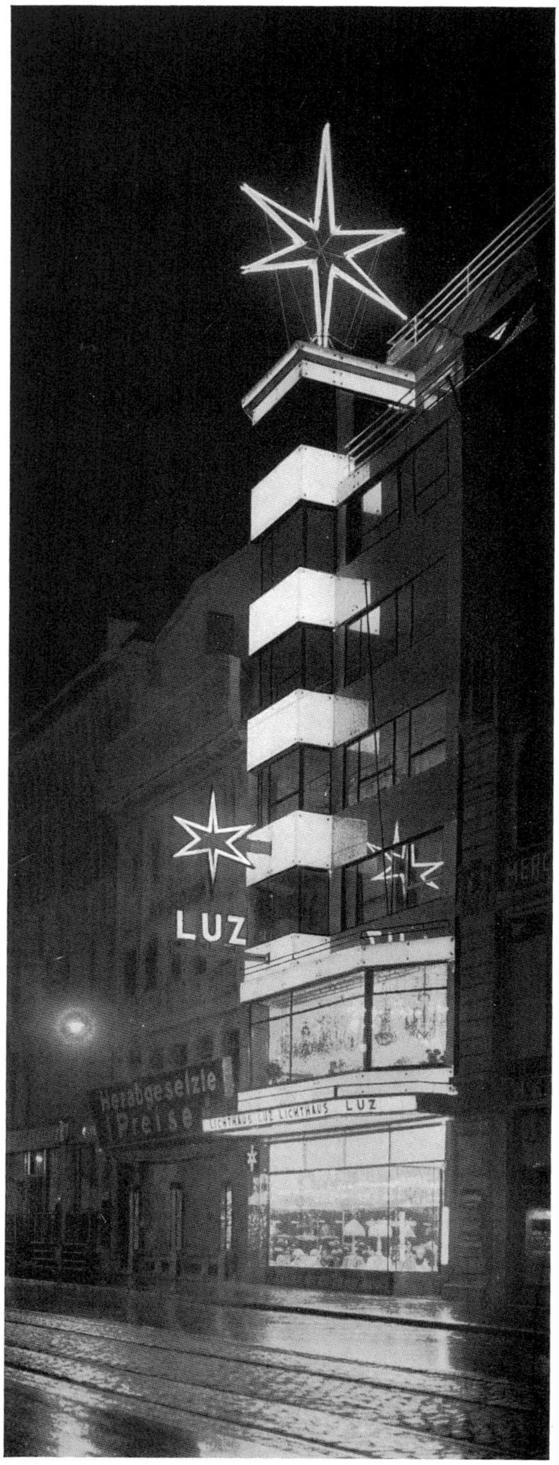
LUZ
Herabgesetzte Preise
LICHTHAUS LUZ LICHTHAUS LUZ

RICH. DÖCKER. LICHTHAUS LUZ, STUTTGART

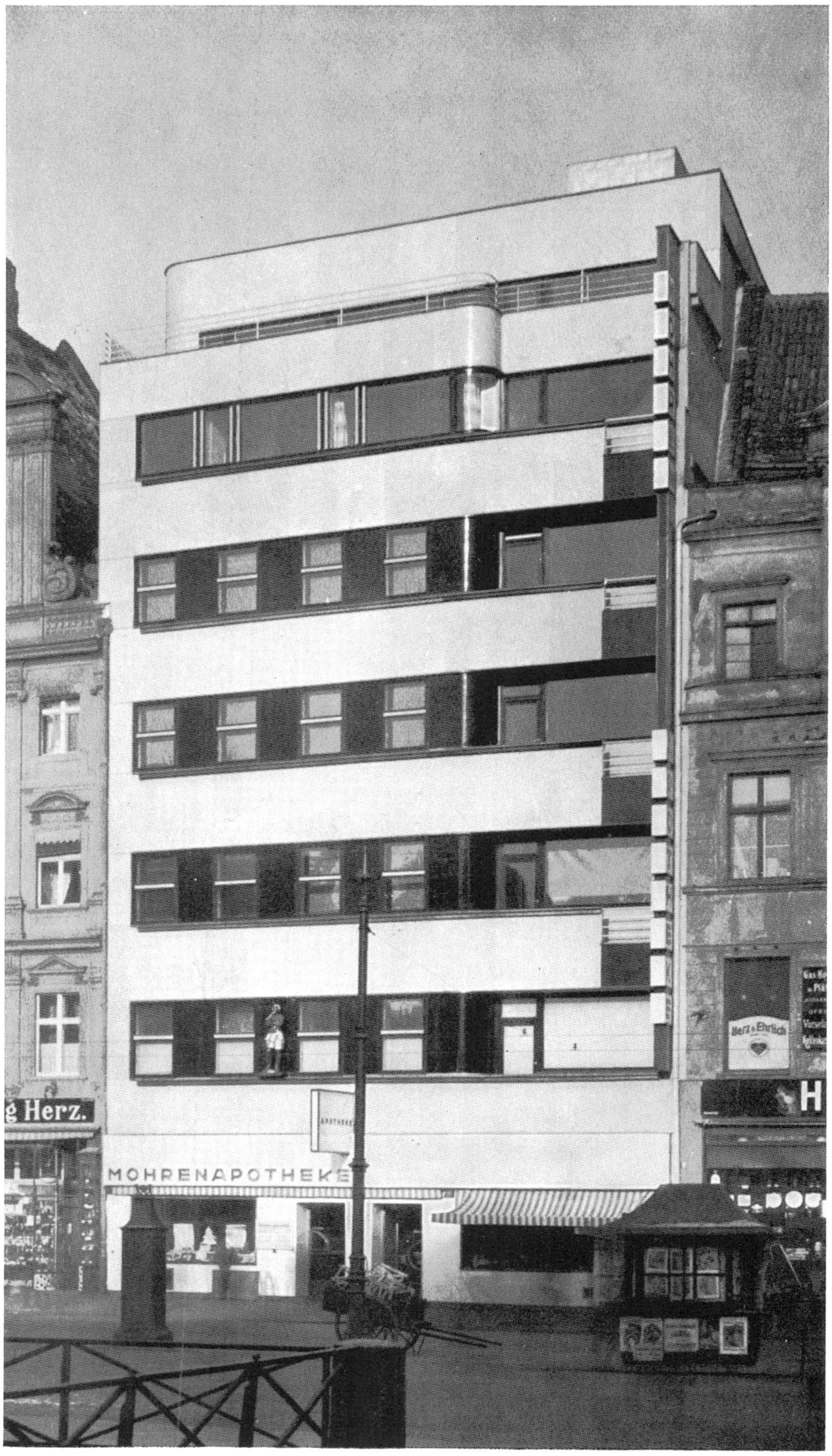
g Herz.
MOHRENAPOTHEKE
APOTHEKE
Herz & Ehrlich

RADING. HAUS DER MOHRENAPOTHEKE, BRESLAU

OBEN: DACHGESCHOSS

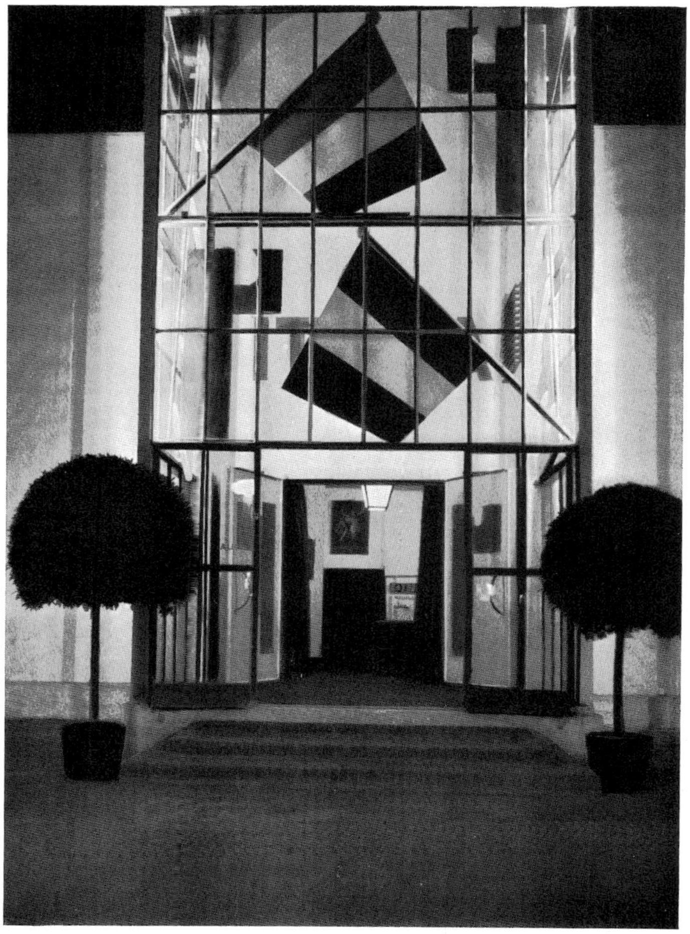

60

PRESSA, KÖLN. HAUS DER STAATEN

...TEILE IST DER GEWALTIGE
...UTSCHEN INDUSTRIE DER INTELLI-
...ARBEITERKLASSE ZU DANKEN
...CHE DIESE NICHT DURCH DEN
...DERN DURCH TEILNAHME
...N SOWIE IN DER SCHULE
...ERWORBEN HAT.
LEGIEN 1898

HANS SCHUMACHER, KÖLN. ADGB PAVILLON AUF DER PRESSA

ANSICHT VON WESTEN

LINKS: INNENRAUM

HANS SCHUMACHER, KÖLN. ADGB PAVILLON AUF DER PRESSA

HOFANSICHT

LUXFER-PRISMEN

Erst in letzter Zeit ist man zum Bauen mit Glas übergegangen, wozu die Luxfer-Prismen für neue Bauzwecke besonders geeignet sind, zumal sie eine bessere Erhellung der Innenräume bieten.

Als bauliches Moment kommen dem Prismenglasstein hohe Festigkeiten zu, so daß er in stehenden Mauern wie in Decken anstandslos starken Belastungen gewachsen ist. Gerade durch den Einbau von großen Glasflächen aber läßt sich Lichtverteilung und Lichtzerstreuung äußerst günstig zur Wirkung bringen. Die verschiedenen Winkelstellungen der Prismen bieten die Möglichkeit, einfallendes Licht auch auf weitere Entfernung abzulenken und zu zerstreuen. Ohne Schwierigkeiten lassen sich in den unteren Stockwerken der Großstadthäuser gelegene Räume nach der Tiefe hin besser aushellen.

Überaus nützlich sind diese Glaskonstruktionen aber auch in bezug auf den Feuerschutz. Es handelt sich hierbei um das sogenannte feuersichere Luxfer-Elektroglas aus durchsichtigem oder undurchsichtigem Glas, welches speziell zur Verkleidung von Fahrstühlen dient, aber auch als sogenannte Feuerschürze Anwendung findet. Die Schutzwirkung ganzer Glaswände in Warenhäusern, Fahrstuhlschächten usw. hat sich bereits bei zahlreichen Feuerausbrüchen bewährt.

Das eigentliche „Bauen mit Glas" aber wurde erst erreicht, als man den Eisenbeton als Tragelement heranzog. Damit wurden auch die Gefahren der Rostbildung beseitigt. Es handelt sich hierbei um die Glasbetonbauweise — eine neue Wortprägung. Derartige Glasdecken erscheinen unten in einheitlichem Kassettengefüge von nicht zu übertreffender Helligkeitswirkung und Lichtzerstreuung.

Bei den Untersuchungen der Verbindungen von Glas mit Beton ging man noch einen Schritt weiter, nämlich zur Nutzbarmachung der Betonfassung für Fensterkonstruktionen.

Zunächst blieb diese Angelegenheit auf das Fabrikfenster u. a. beschränkt. Während man das bisherige Fabrikfenster in Eisen- oder Holzrahmen herstellte, versuchte

AUGSBURGER BUNTWEBEREI. DECKE AUS LUXFER-FLIESEN

das Luxfer-Gitterfenster dieses in bestimmte kleinere Einheitsmaße zu zerlegen, so daß aus diesen Einzelelementen jede beliebige Fensterform und -größe zusammengesetzt werden kann.

Mit dieser Konstruktion liegt eine gewisse endgültige Lösung des Fensterproblems vor.

PAUL LIESE

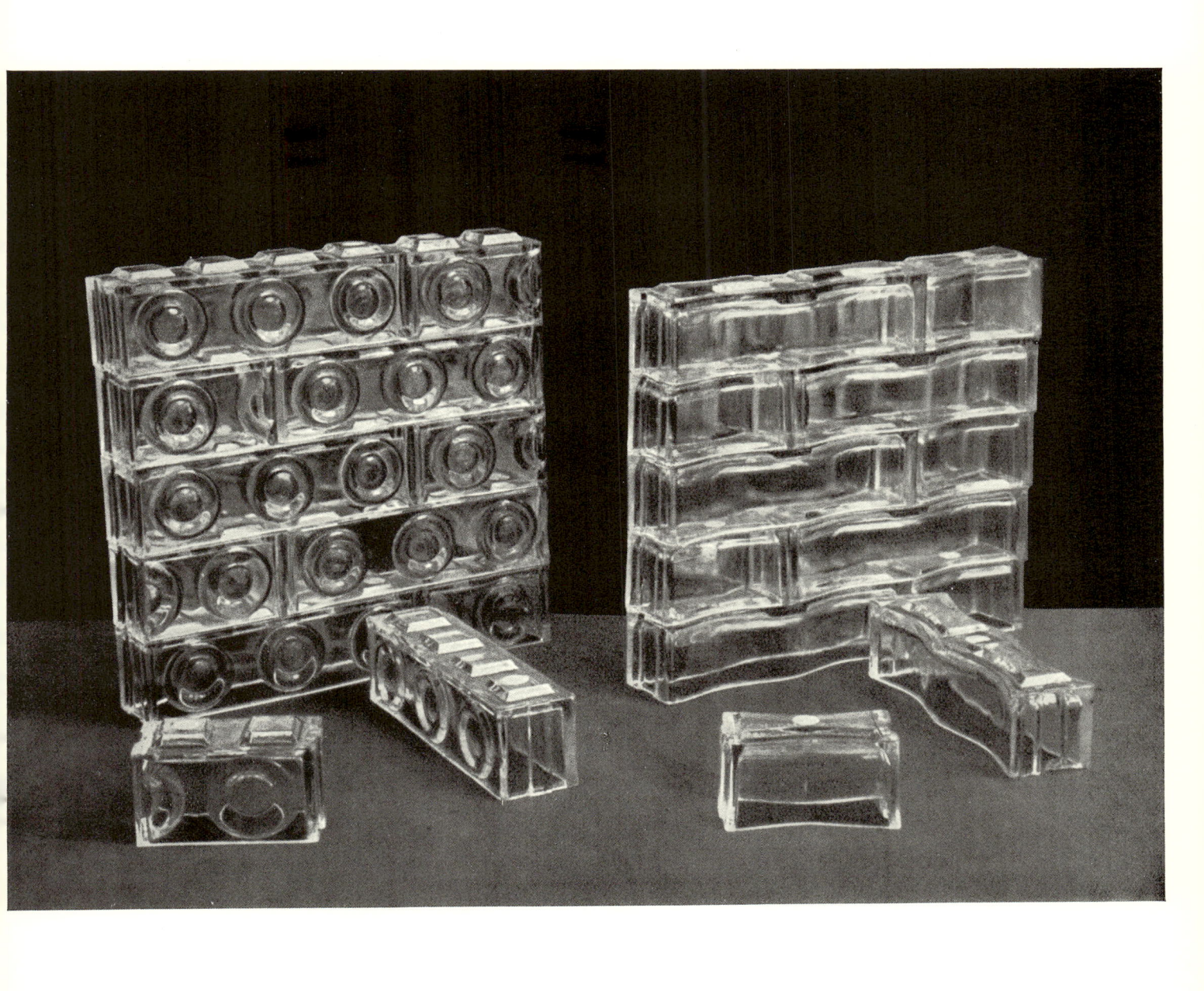

A.-G. FÜR GLASFABRIKATION, VORM. GEBR. HOFFMANN, BERNSDORF, O.-L.

GLASBAUSTEINE AUS PRESSGLAS

HAESLER. TURNHALLE DER VOLKSSCHULE, CELLE

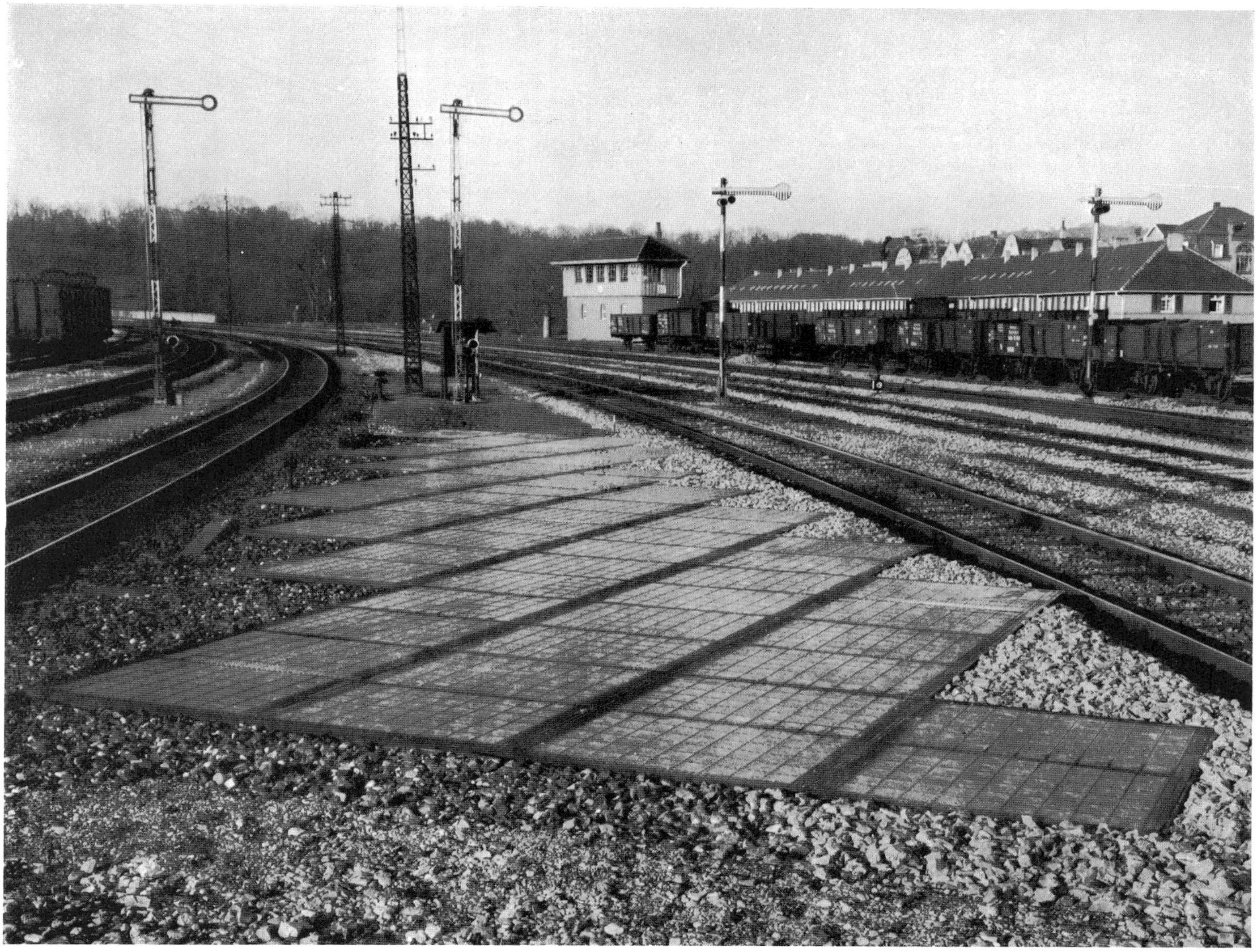

DEUTSCHE REICHSBAHN. OBERLICHTANLAGE DER KÖNIGSSTRASSEN-UNTERFÜHRUNG

STUTTGART-CANNSTATT

LINKS: AUFSICHT

75

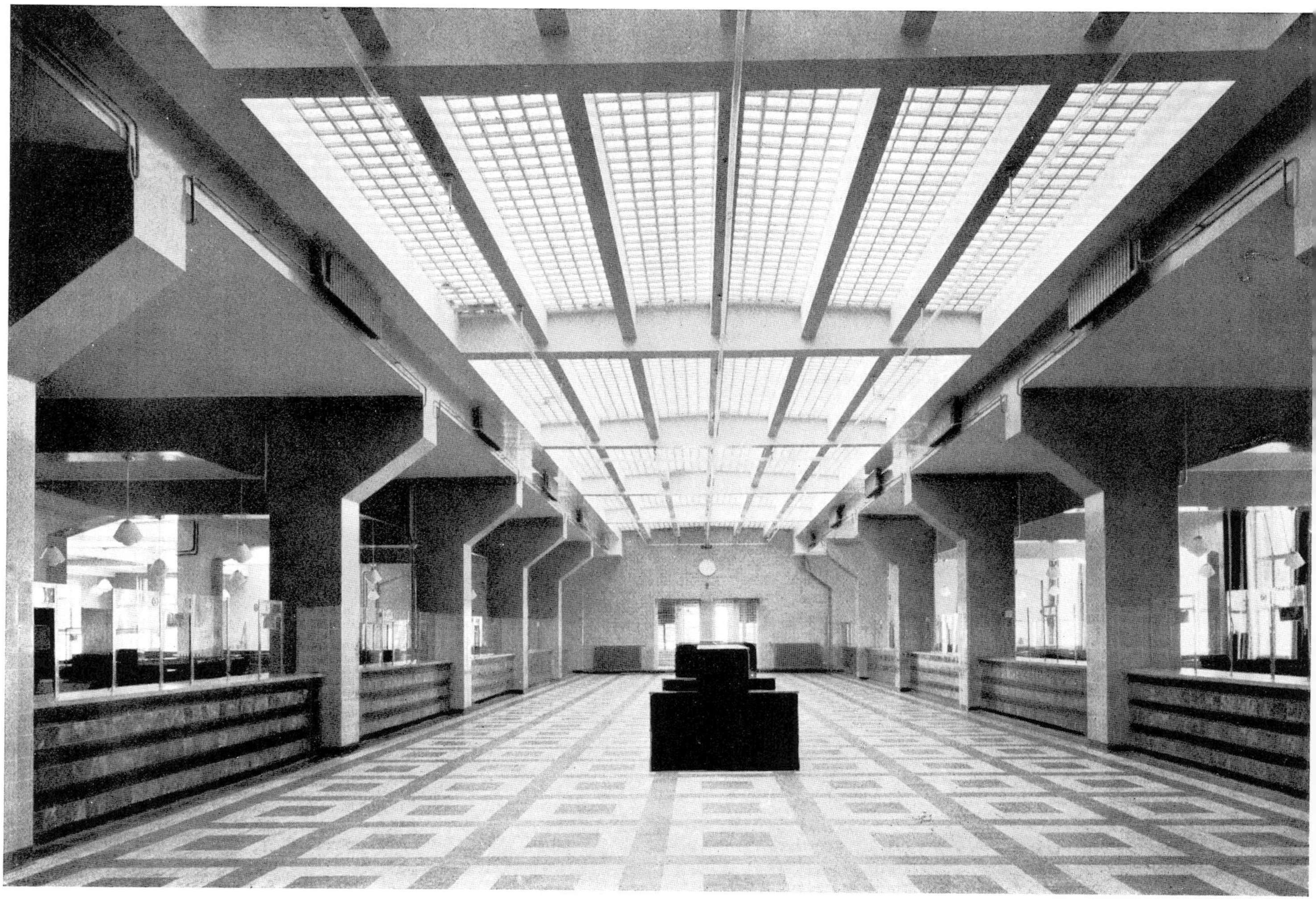

KRAYL. ORTSKRANKENKASSE MAGDEBURG

LINKS: GROSSE SCHALTERHALLE

JAN WILS. STADION FÜR DIE OLYMPIADE, AMSTERDAM

H. P. BERLAGE. KIRCHE DER CHRISTIAN SCIENCE, DEN HAAG

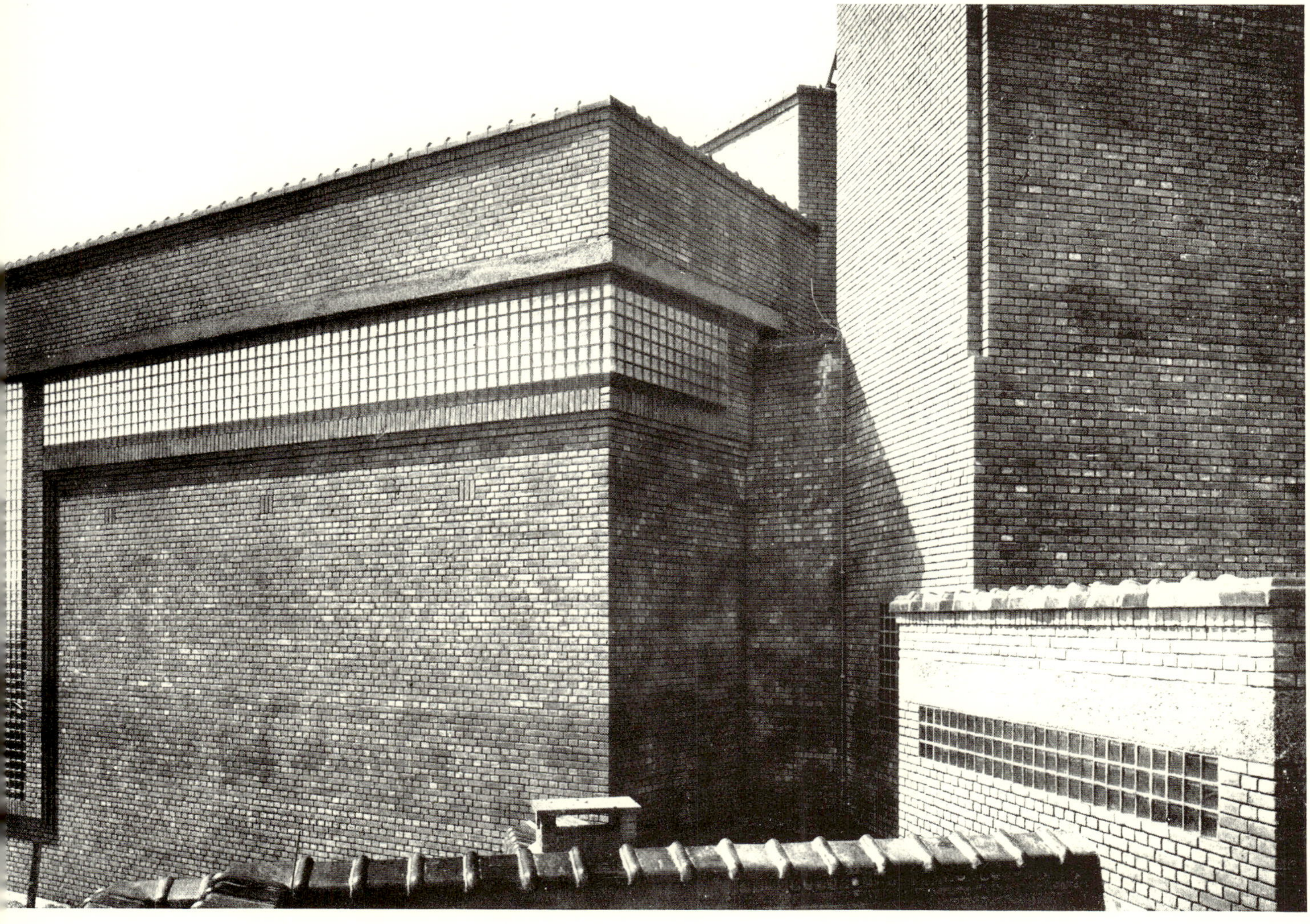

OLDRICH TYLL. MÄDCHENHEIM IN PRAG

BLICK AUF DAS GROSSE FENSTER IM SAAL

RECHTS: AUSSENANSICHT

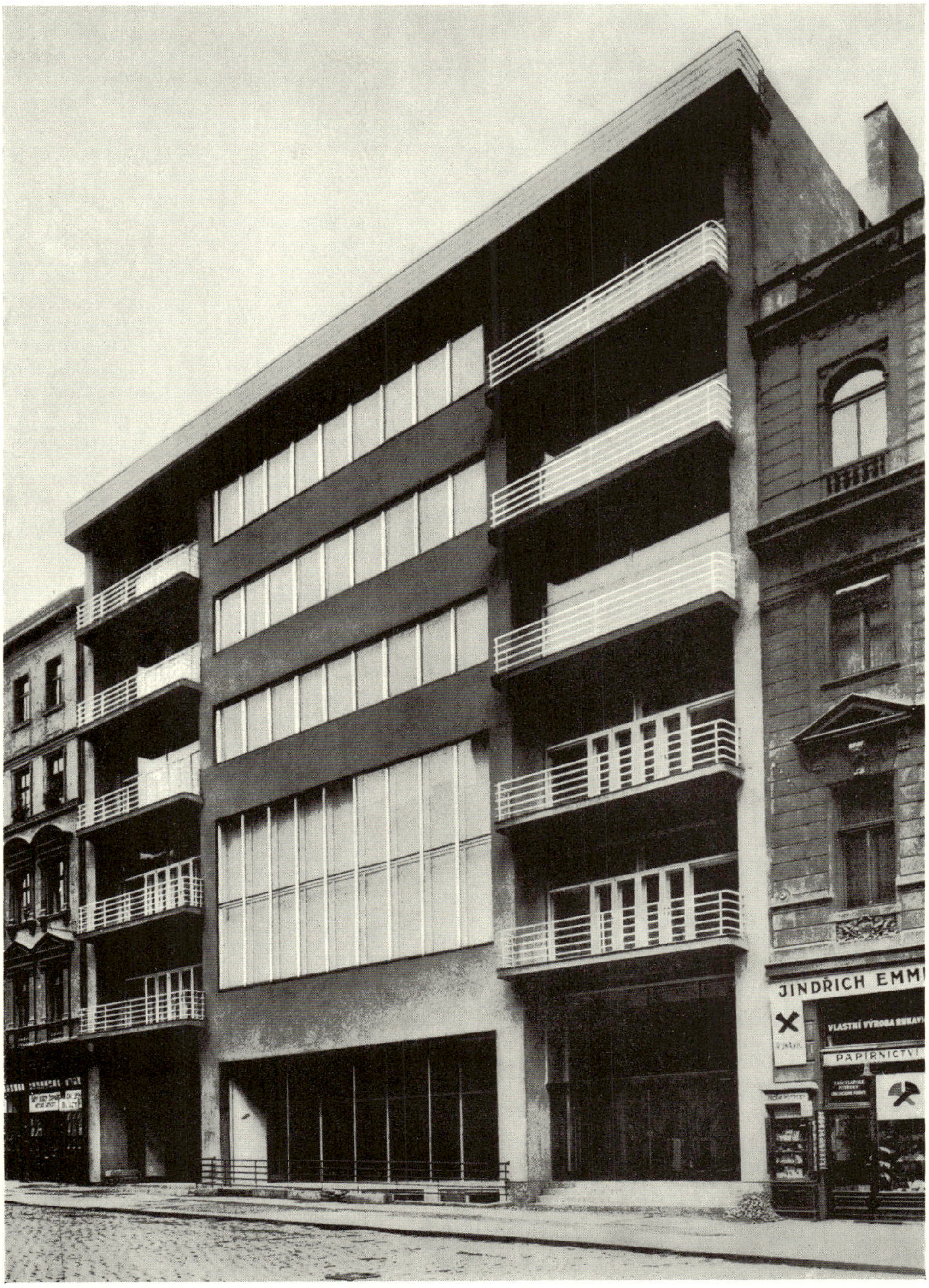
JINDŘICH EMM
VLASTNÍ VÝROBA RUKAV
PAPIRNICTVI

OLDRICH TYLL. BLICK VOM GROSSEN SAAL AUF DIE EMPORE IM MÄDCHENHEIM

OLDRICH TYLL. KAFFEESAAL IM MÄDCHENHEIM

OLDRICH TYLL. MESSEHAUS IN PRAG

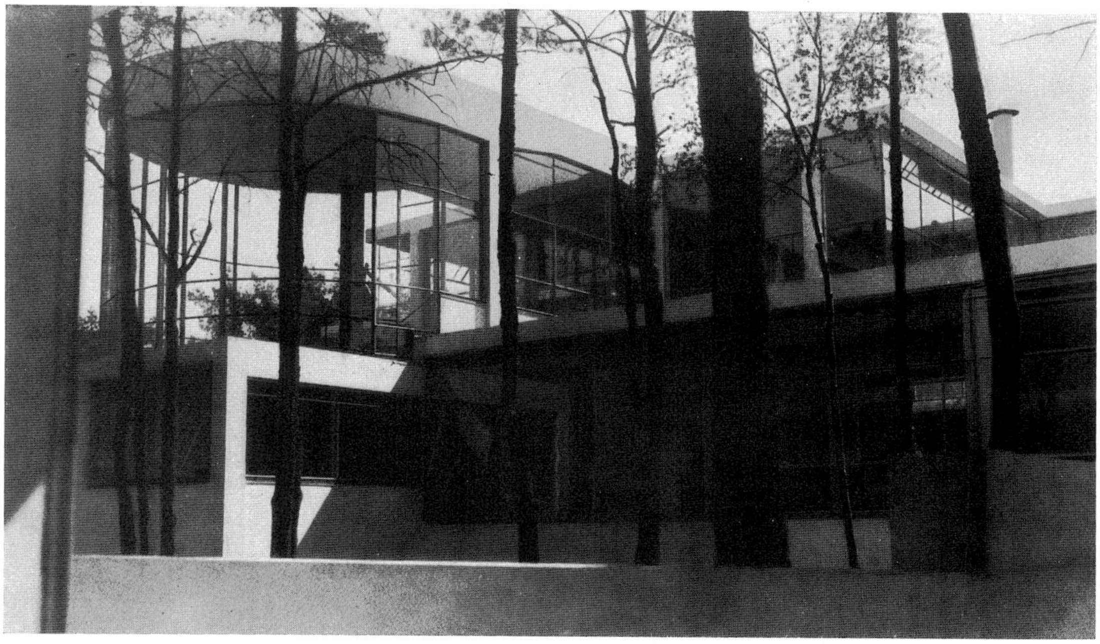

J. DUIKER. SANATORIUM SONNENSTRAHL, AMSTERDAM

J. DUIKER. SANATORIUM SONNENSTRAHL, AMSTERDAM

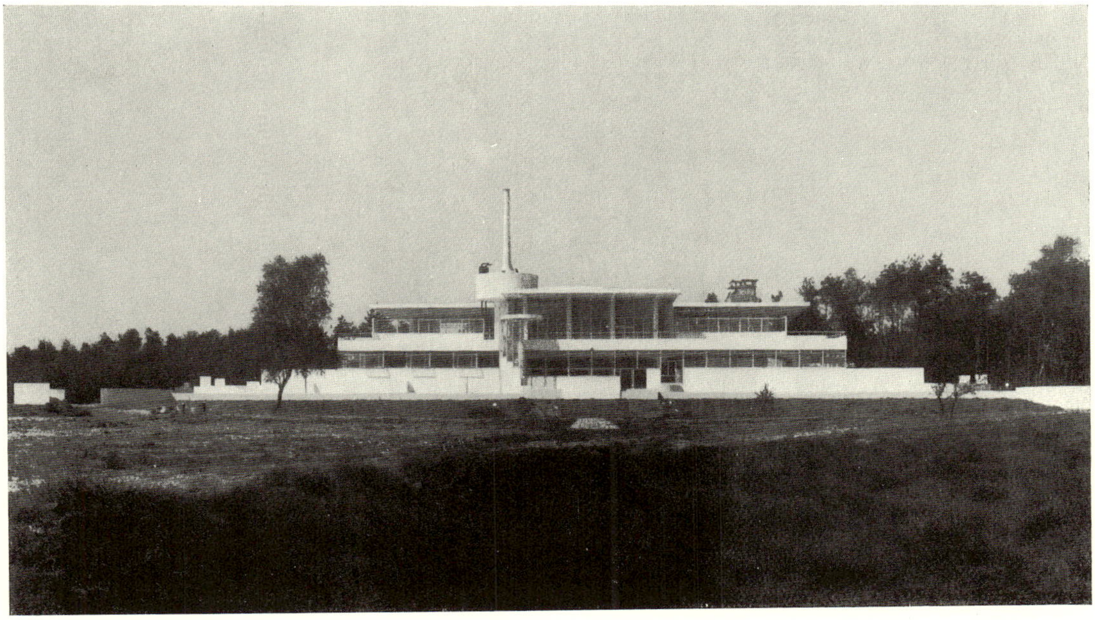

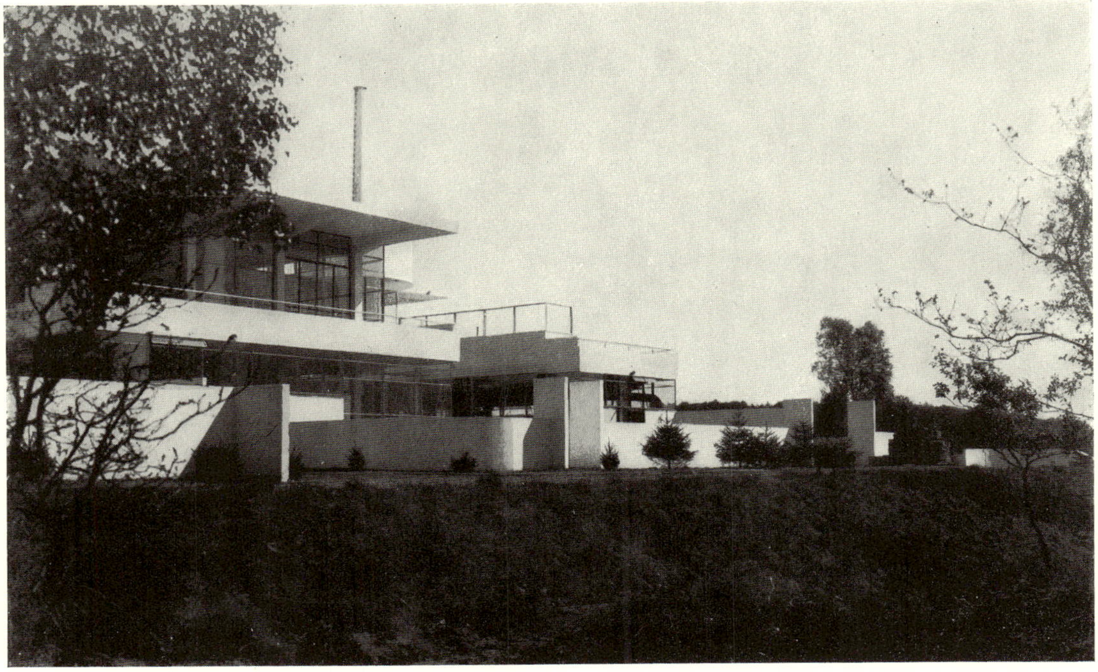

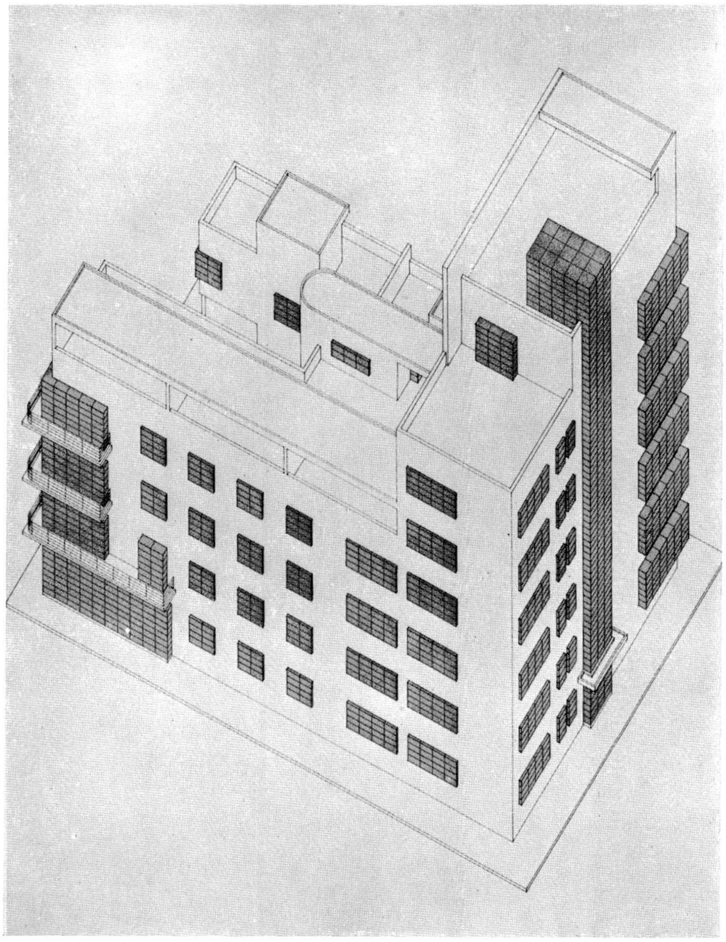

ALBERTO SARTORIS. BÜRO UND WOHNHAUS, TURIN

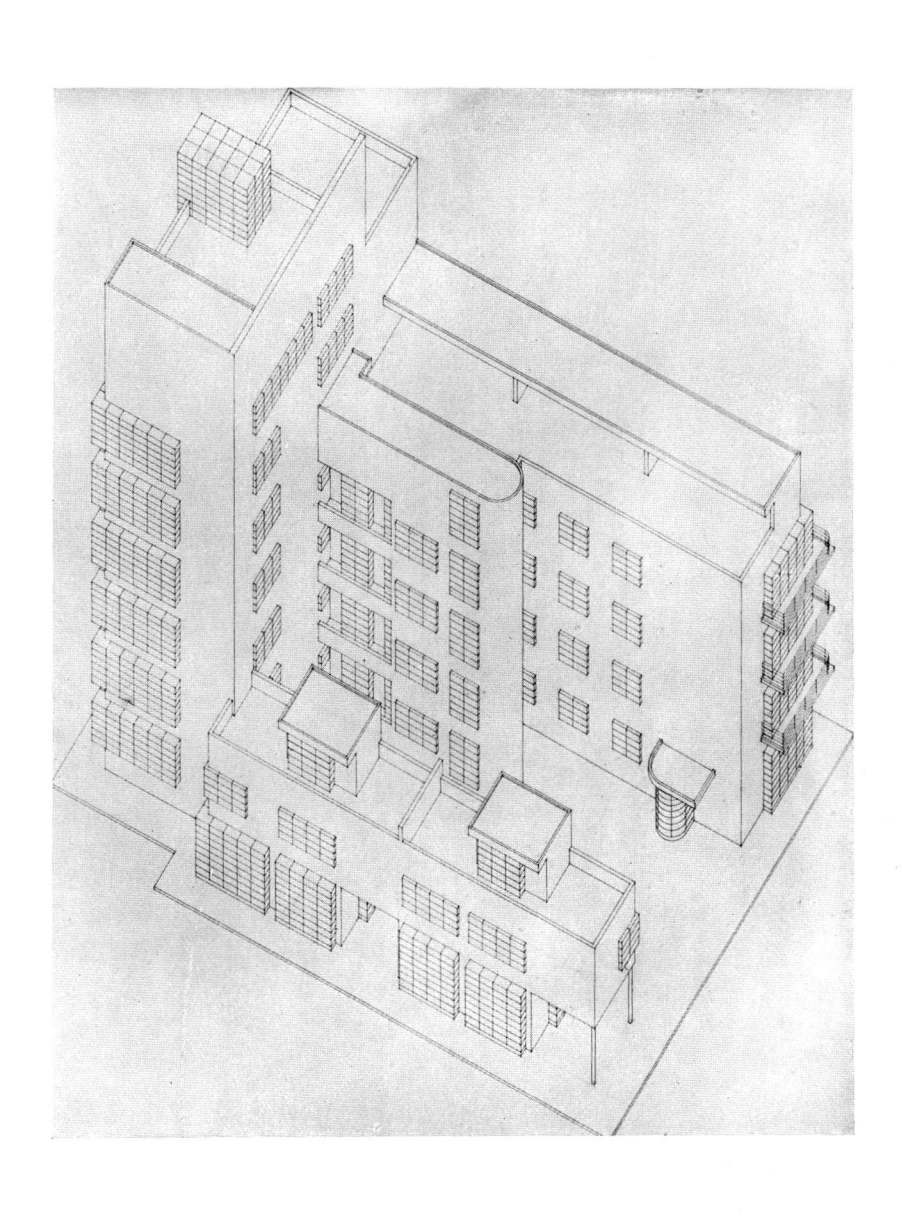

MIES VAN DER ROHE. MIETSWOHNHAUS, WEISSENHOFSIEDLUNG, STUTTGART

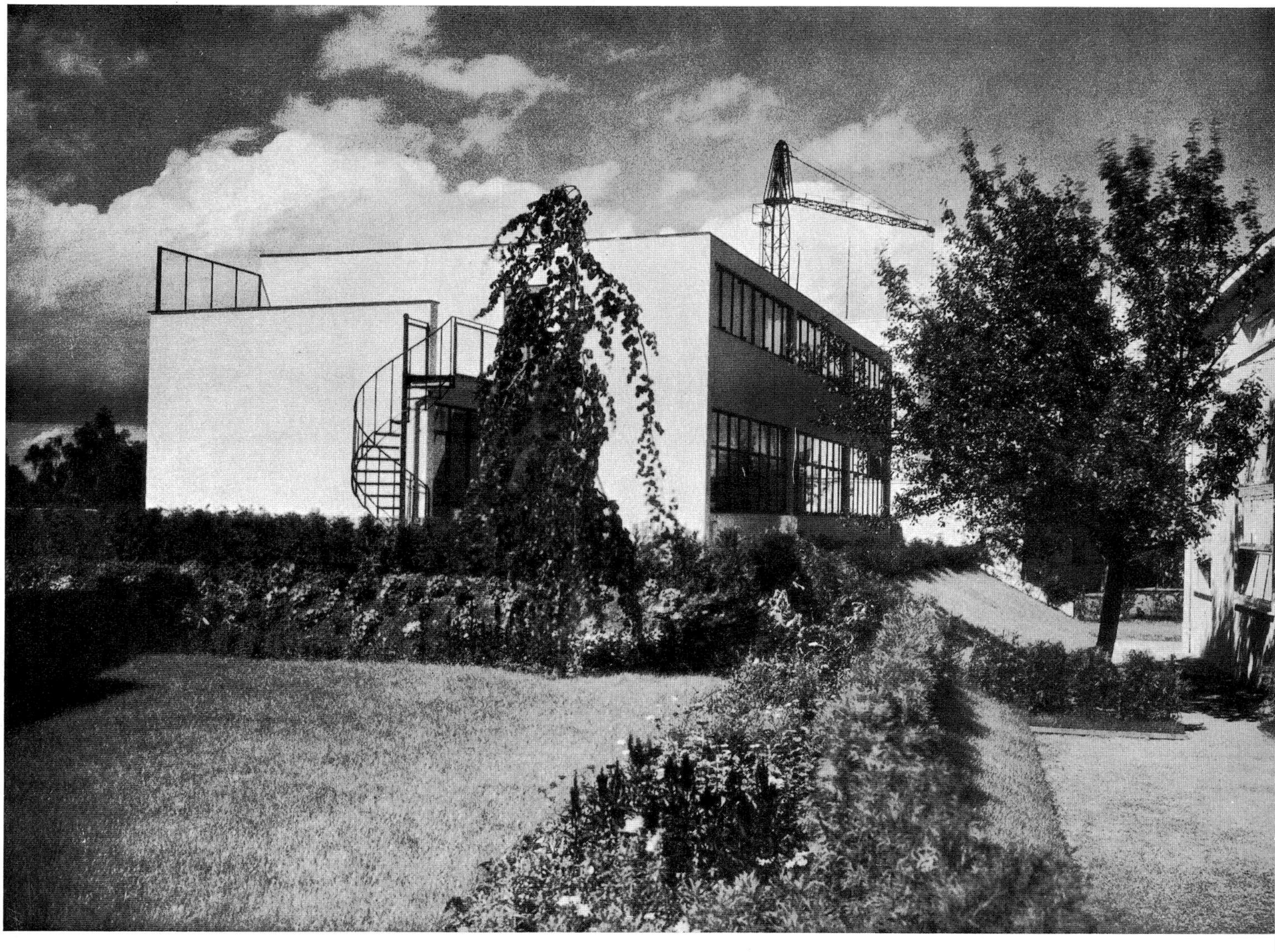

MART STAM. REIHENHÄUSER, WEISSENHOFSIEDLUNG, STUTTGART

LE CORBUSIER UND P. JEANNERET

EINFAMILIENWOHNHAUS UND DOPPELWOHNHAUS, WEISSENHOFSIEDLUNG, STUTTGART

LE CORBUSIER UND P. JEANNERET

EINFAMILIENWOHNHAUS UND DOPPELWOHNHAUS, WEISSENHOFSIEDLUNG, STUTTGART

LE CORBUSIER UND P. JEANNERET

HAUS AM GENFER SEE

102

OBEN: LE CORBUSIER UND P. JEANNERET

DOPPELWOHNHAUS, WEISSENHOFSIEDLUNG, STUTTGART

LINKS: LE CORBUSIER UND P. JEANNERET. LANDHAUS

LE CORBUSIER UND P. JEANNERET. HAUS IN AUTEUIL s. S.

LE CORBUSIER UND P. JEANNERET. INNERES DES HAUSES

106

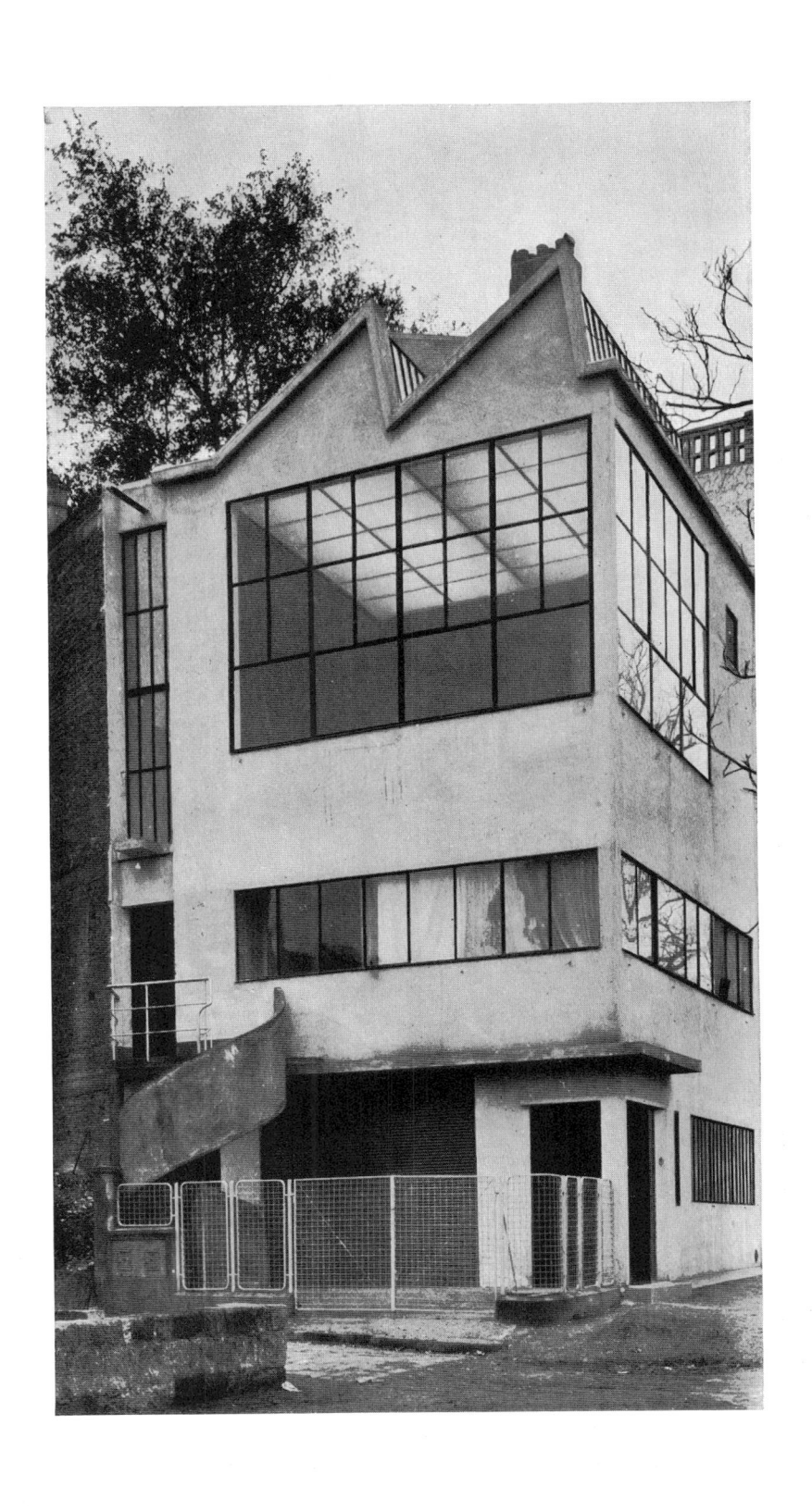

OBEN: LE CORBUSIER UND P. JEANNERET. ATELIERHAUS

LINKS: INNERES DES HAUSES

108

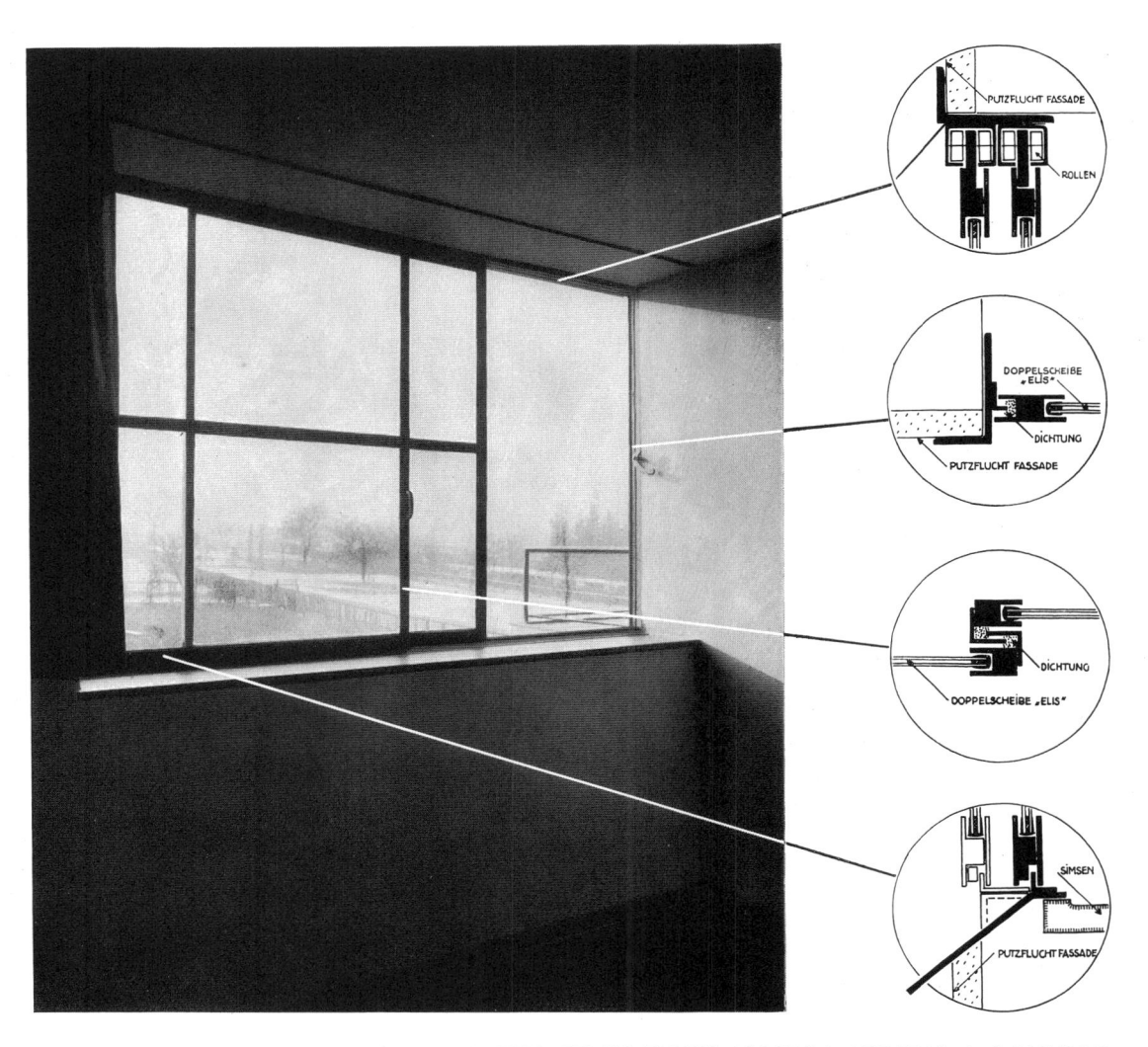

SEITLICHES SCHIEBEFENSTER IN EISEN. MODELL ARTARIA & SCHMIDT,
ARCHITEKTEN, BASEL. HERSTELLER: A. VOLKMER, EISENWERKSTÄTTE BASEL
EIDGENÖSSISCHES PATENT Nr. 124 041. AUSLANDSPATENTE ANGEMELDET

LINKS: ARTARIA & SCHMIDT. WOHNHAUS IN RIEHEN BEI BASEL
ERSTE ANWENDUNG VON NORMALSCHIEBEFENSTERN IN „ELIS"-VERGLASUNG
DARUNTER: NORMALFENSTER MIT AUSGANGSTÜR AUF DIE TERRASSE

RIETVELD, UTRECHT. LADEN ZAUDY, WESEL

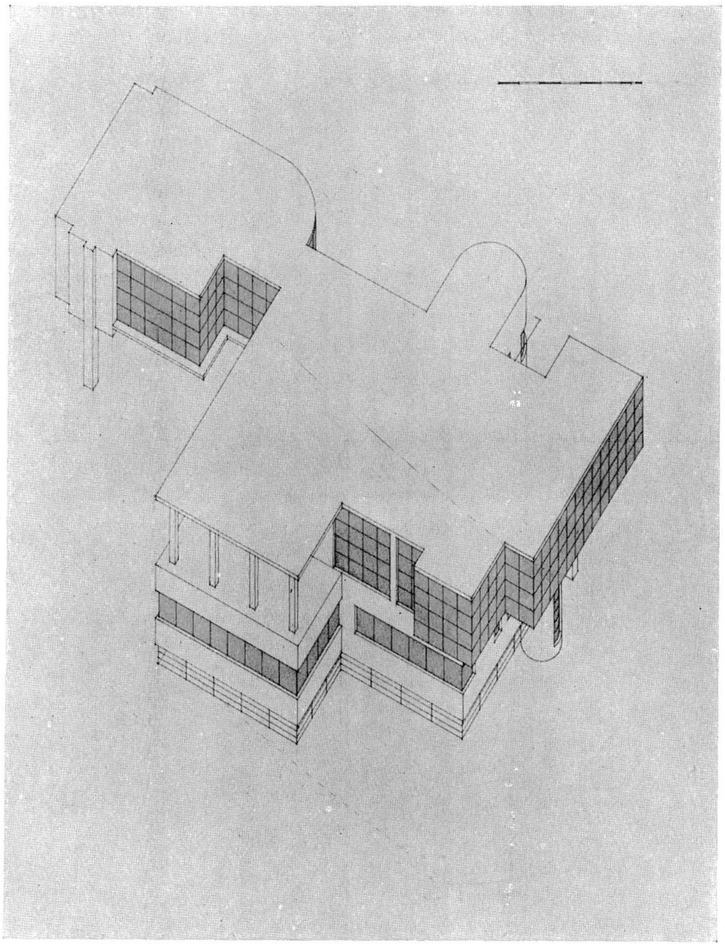

ALBERTO SARTORIS. TURIN

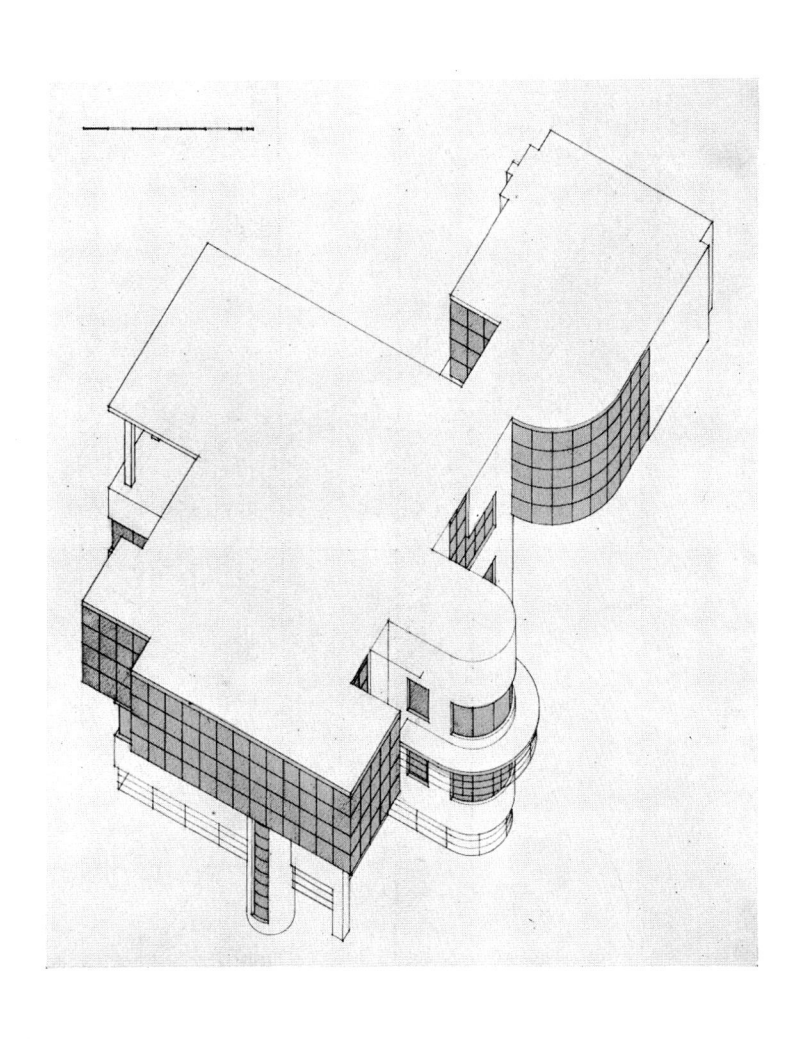

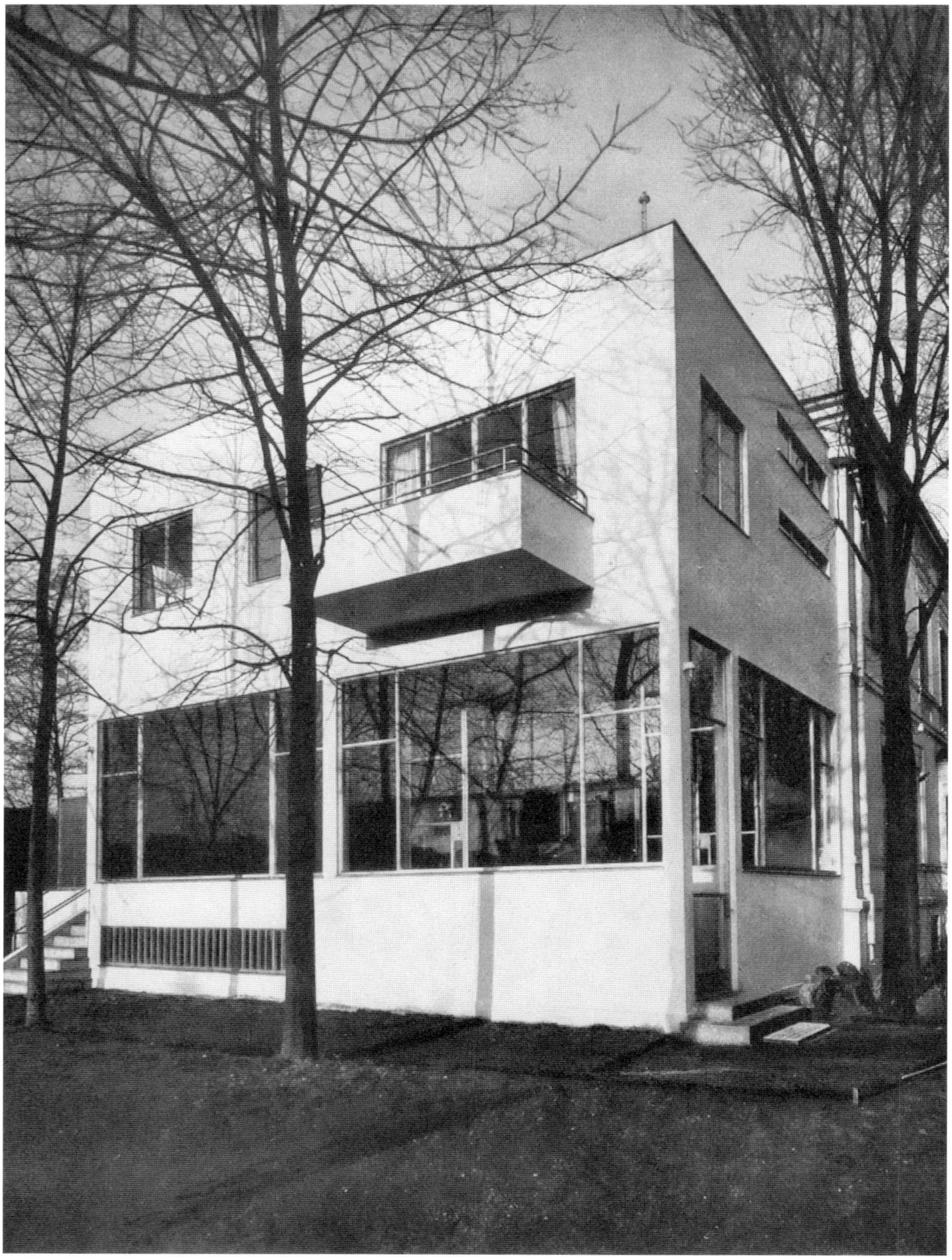

OTTO HAESLER, LANDHAUS IN CELLE

FRANZ ROECKLE, FRANKFURT A. M. HANDWERKERSIEDLUNG IN ESCHERSHEIM

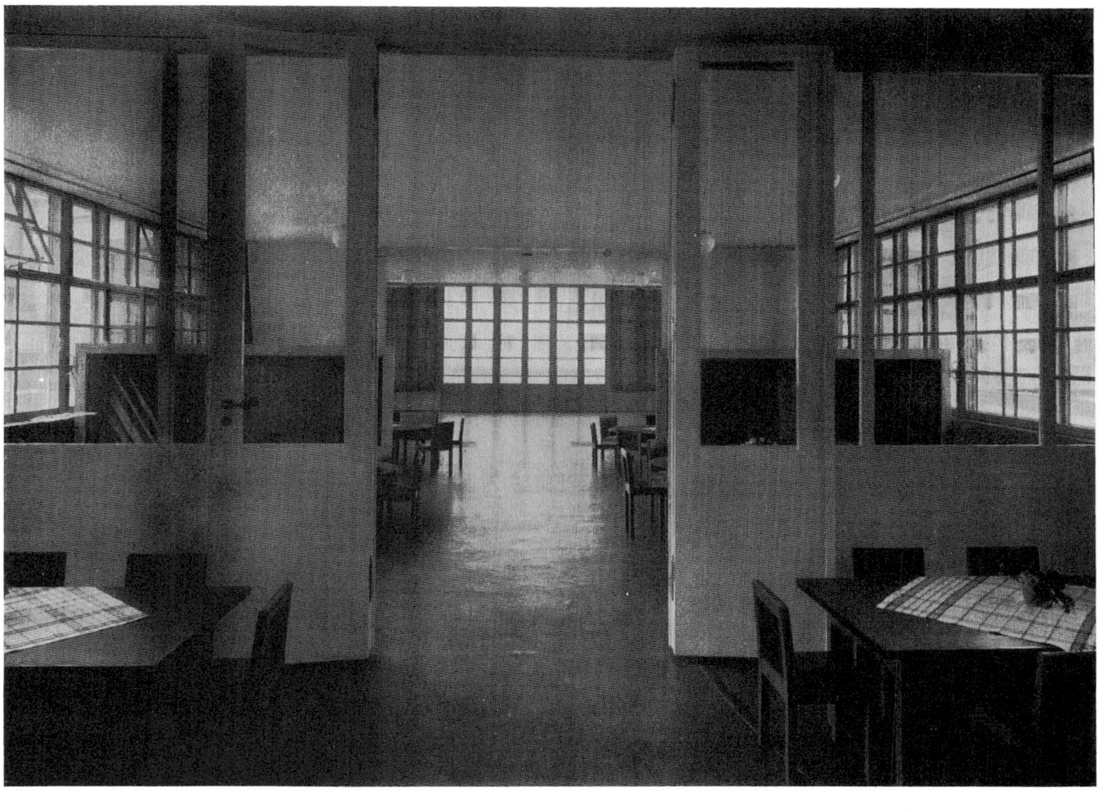

ERWIN GUTKIND. KINDERHEIM, LICHTENBERG

LINKS: INNERES DES KINDERHEIMS

ERWIN GUTKIND. SIEDLUNG, BERLIN

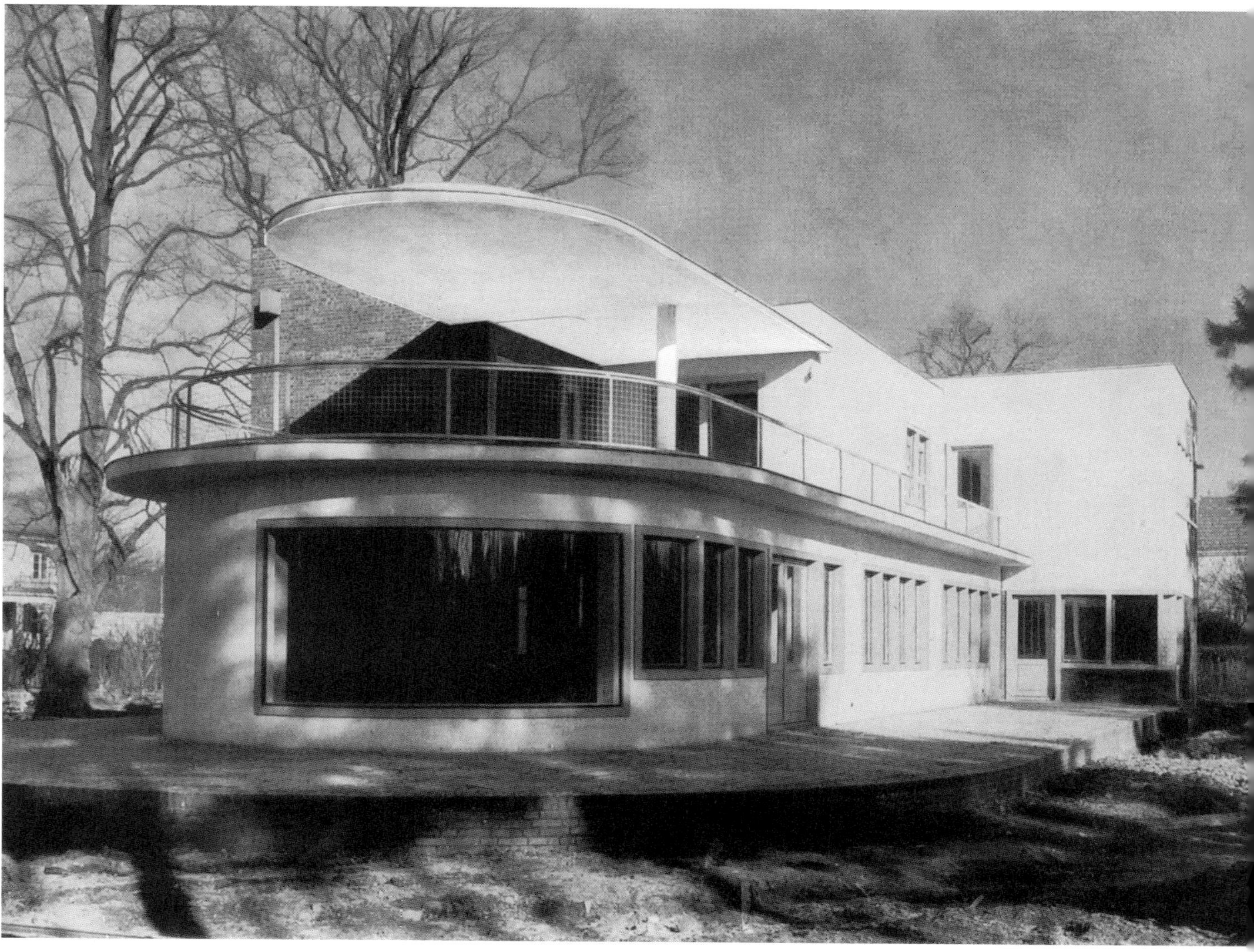

KARL SCHNEIDER. HAUS RÖMER IN ALTONA

Vgl. S. 187

HANS SCHAROUN. EINFAMILIENHAUS, WEISSENHOFSIEDLUNG, STUTTGART

JOSEPH FUCHS. BRÜNN, AUSSTELLUNGSPAVILLON

STÄDT. HOCHBAUAMT FRANKFURT A. M. ELEKTRIZITÄTSWERK

RECHTS: LICHTHOFABSCHLUSS DES WARENHAUSES DER BIENENKORB, DEN HAAG

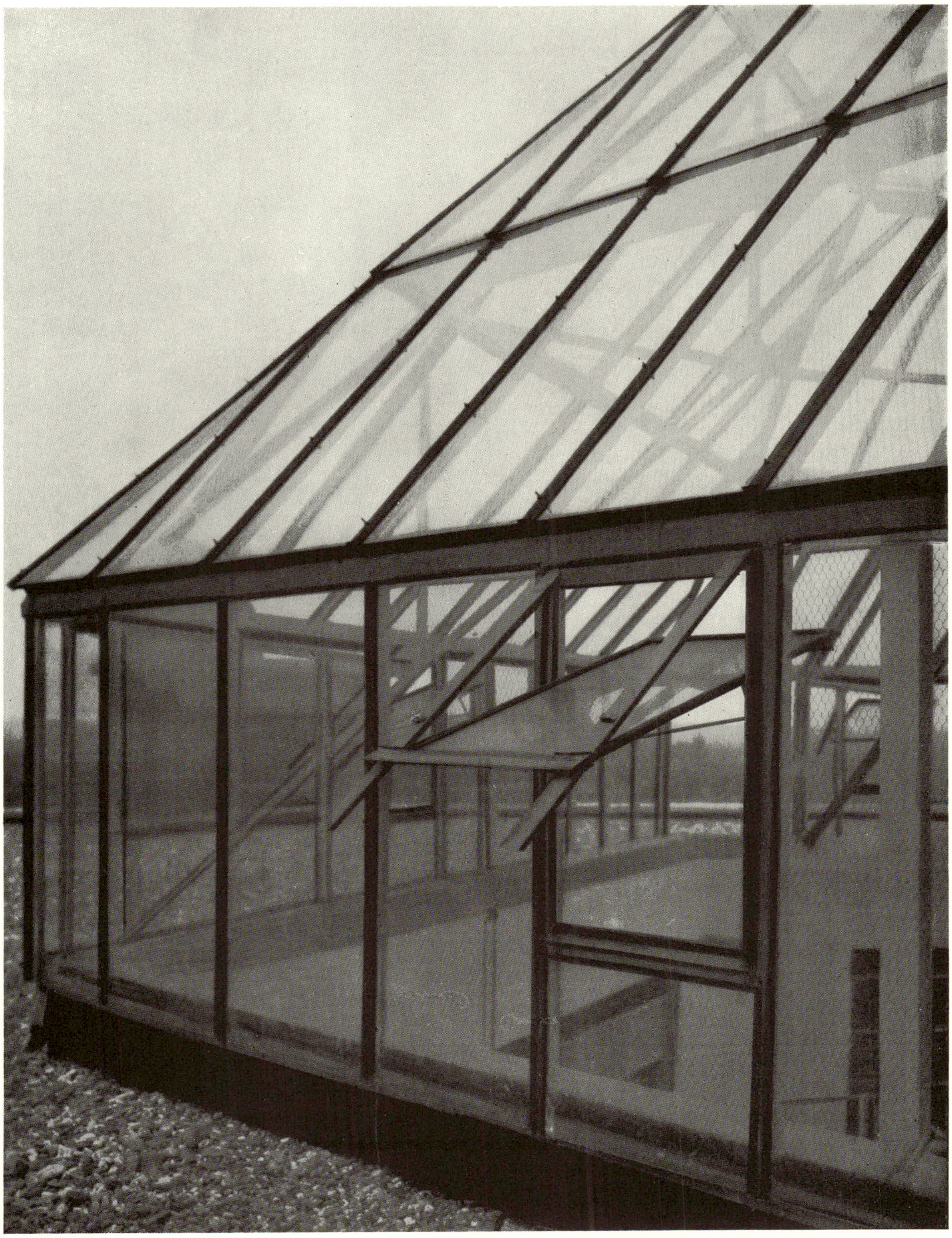

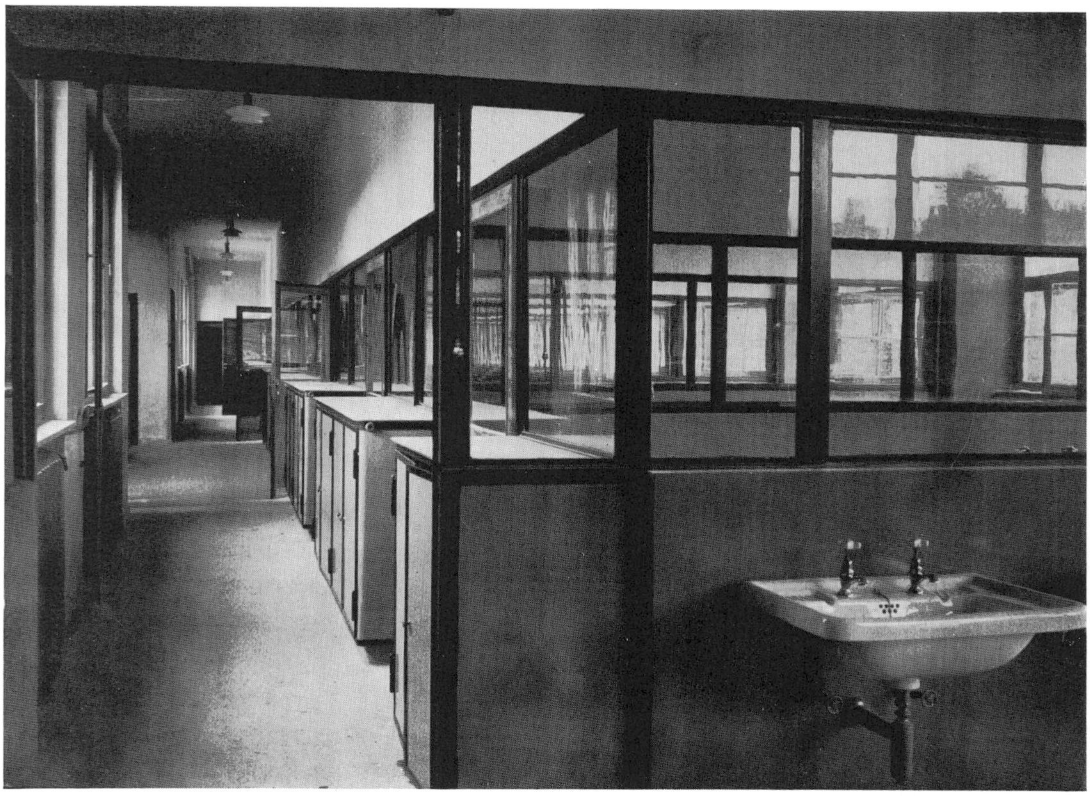

OTTO BARTNING. KINDERHEIM

LINKS: INNERES DES HEIMES

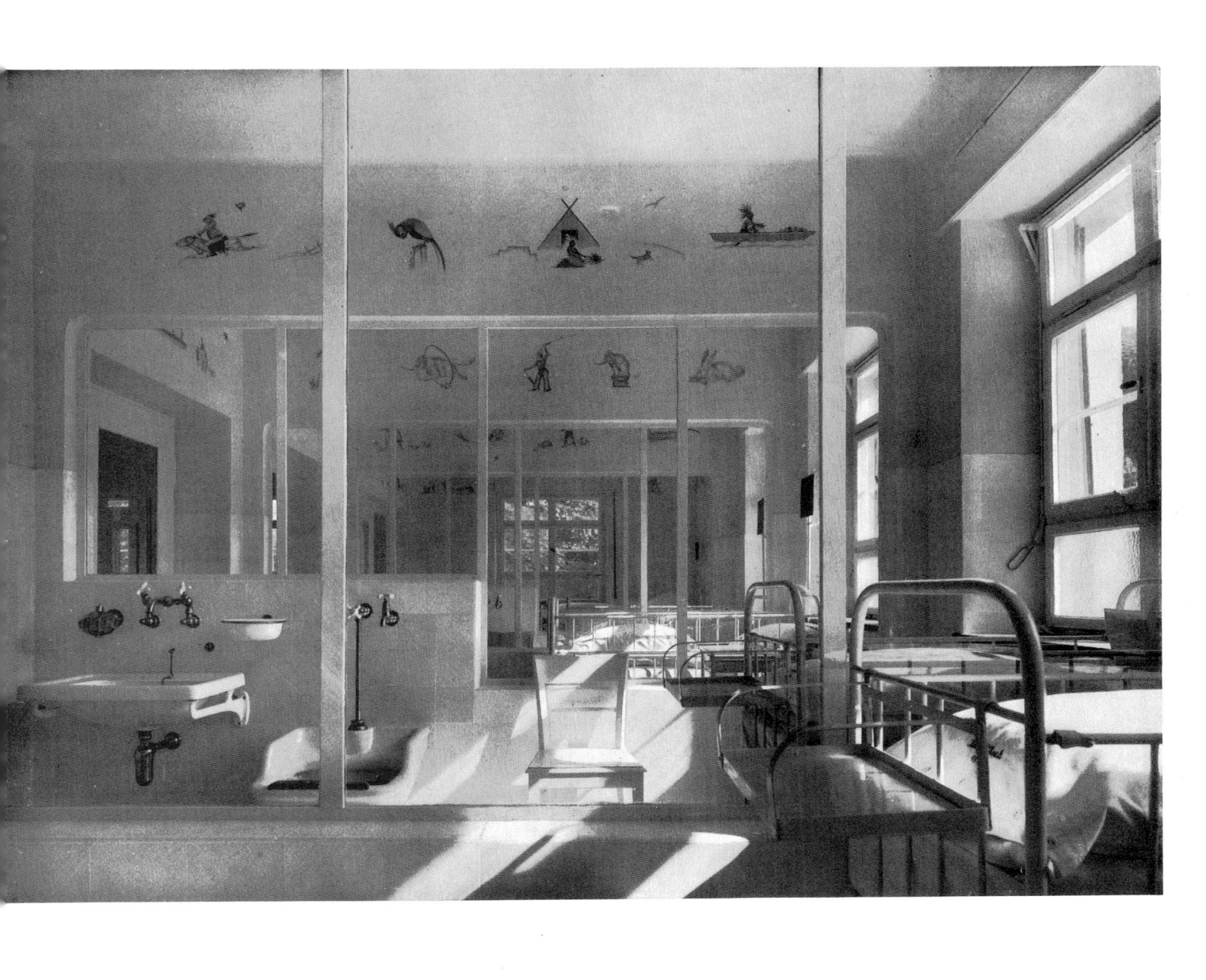

UNIVERSITÄTSKINDERKLINIK, TÜBINGEN

BOXENSTATION FÜR ANSTECKENDE KRANKHEITEN

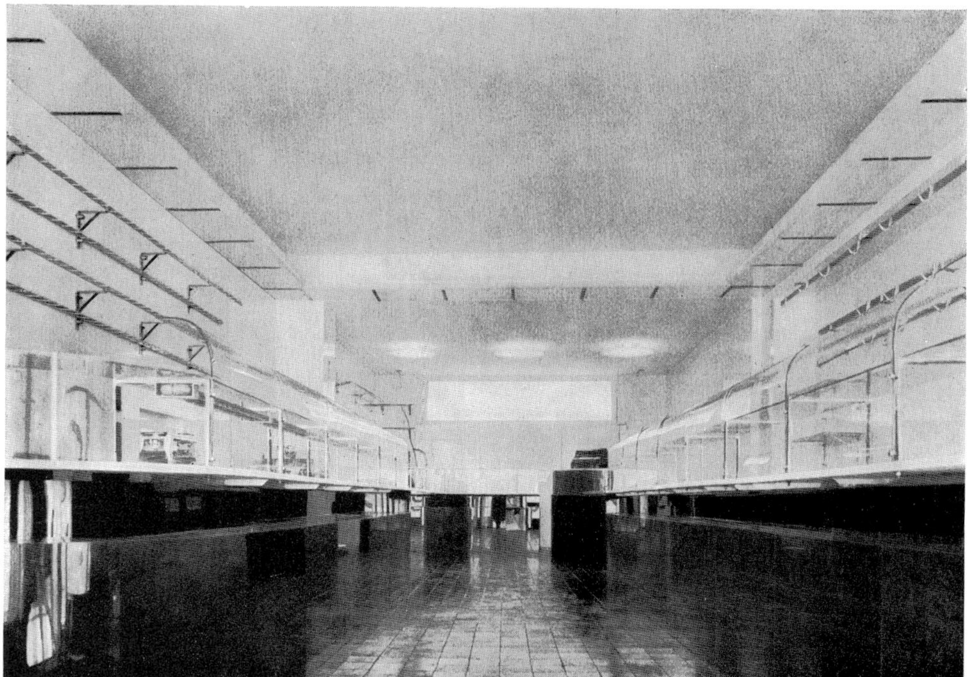

BRÜDER LUCKHARDT UND ALFONS ANKER. GALERIE THANNHAUSER

LINKS: LADEN S. KAUFMANN

A. KORN UND S. WEITZMANN. LADEN KOPP & JOSEPH

AUSSENANSICHT IN OPAKGLAS

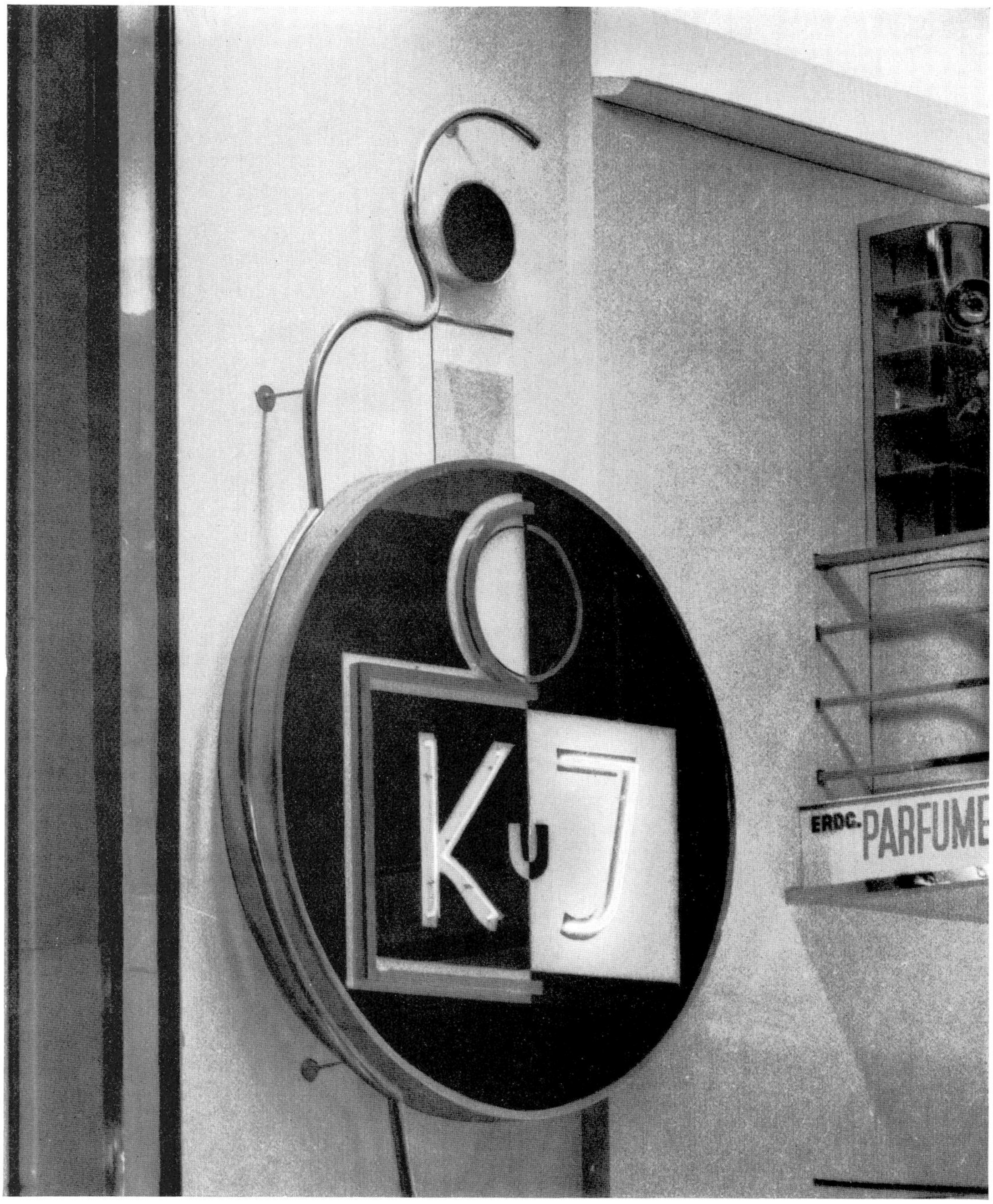
K u J
ERDG.
PARFUME

A. KORN UND S. WEITZMANN. LADEN KOPP & JOSEPH

AUSSENANSICHT BEI NACHT

LINKS: REKLAMEMARKE MIT NEONLICHT

MUSIKHAUS HAUPTWACHE J. EMMEL U. SO
PHOTOBEDARF
AGFA KODAK
PHOTOHAUS HAUPTWACHE J. EMMEL U. SOHN

E. UND O. FUCKER. MUSIK- UND PHOTOHAUS, FRANKFURT A. M.

LINKS: AUSSENANSICHT

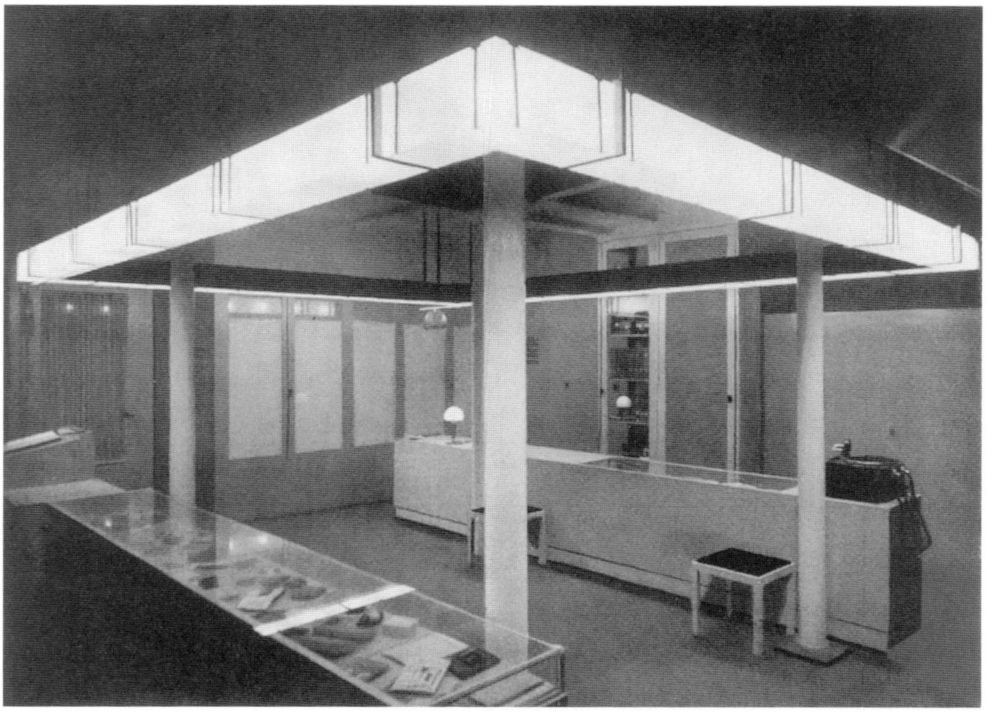

E. UND O. FUCKER. MUSIK- UND PHOTOHAUS, FRANKFURT A. M.

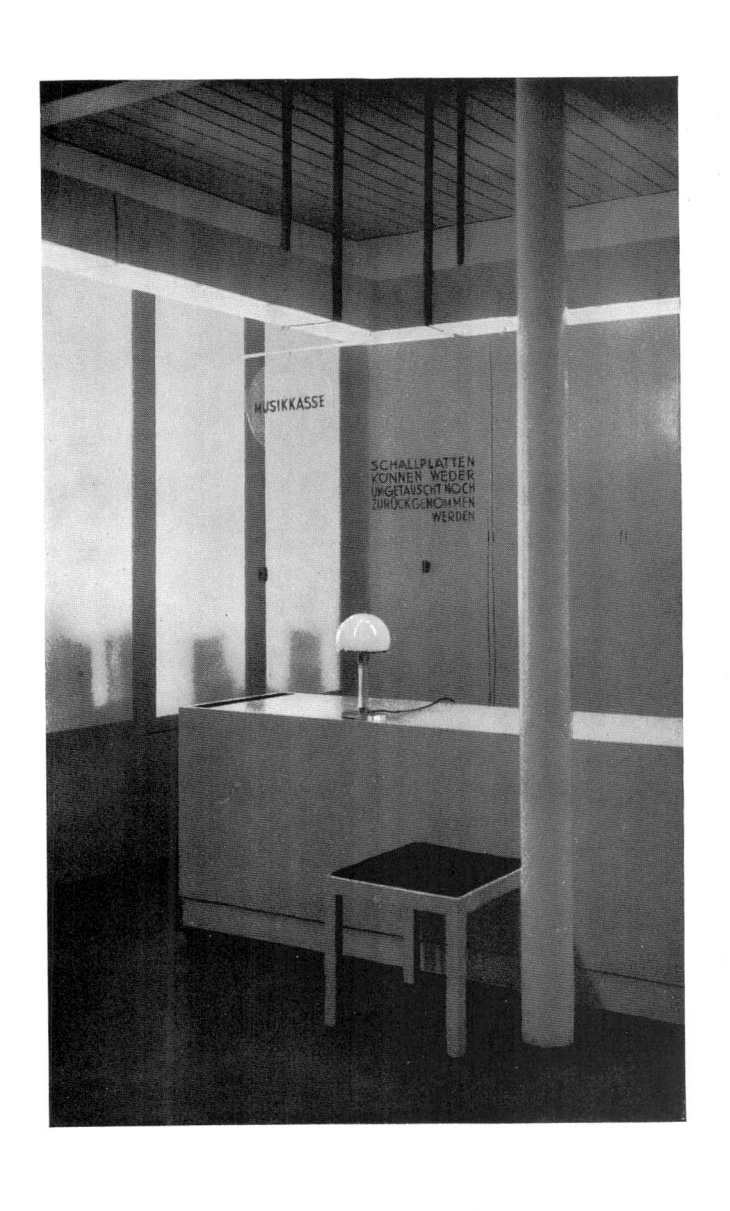

HOCHBAUAMT, FRANKFURT A. M. FAHRKARTENSCHALTER

RIETVELD. JUWELIERLADEN KALVERSTRAAT, AMSTERDAM

RIPHAHN UND GROD. LADEN ROSENBERG IN KÖLN

RIPHAHN UND GROD. INNENANSICHT DES LADENS ROSENBERG

KARL SCHNEIDER. LADEN HAMMERSCHLAG, HAMBURG

Vgl. S. 199

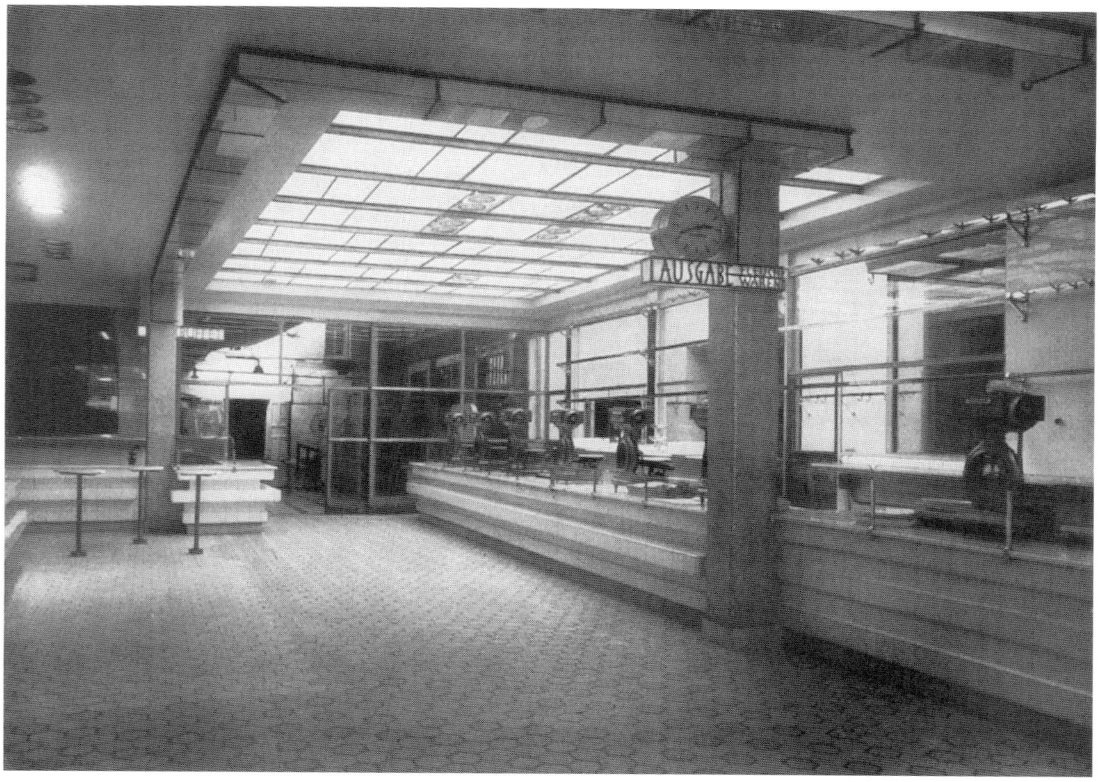
AUSGABE

P. BAUMANN. LÄDEN IN KÖLN

P. BAUMANN. LADEN IN KÖLN

P. BAUMANN. LADEN IN KÖLN

KRISTALL-SPIEGELGLAS

Begriff. Unter Kristall-Spiegelglas versteht man ein flaches, verhältnismäßig dickes, nahezu farbloses, durchsichtiges Glas, dessen Flächen durch Schleifen und Polieren derart behandelt sind, daß beim Hindurchschauen auf einen Gegenstand unter irgendeinem beliebigen Winkel keinerlei Verzerrung erfolgt. In technologischer Hinsicht ist Kristall-Spiegelglas anderen Flachgläsern gegenüber nicht allein eindeutig gekennzeichnet durch die Herkunft seines zur Veredlung dienenden Rohglases, das durch Gießen und zeitlich unmittelbar darauf folgendes Auswalzen gewonnen wird, sondern auch durch das Erfordernis einer nachträglichen mechanischen Bearbeitung des Rohglases, durch die höchsterreichbare Planparallelität, Glanz und Politur erzielt werden.

Verwendungsgebiete. Kristall-Spiegelglas findet dank seinen überragenden Vorzügen mannigfaltige Anwendung. Zu den wichtigsten Arten gehört in erster Linie seine Verwendung für Schaufensterausbauten. In weitem Umfange wird es für die Fensterverglasung und den Innenausbau von Wohn-, Geschäfts-, Kunst- und sonstigen Zweckbauten benutzt. Der Möbelindustrie hilft es, als Tür- und Wandfüllung, als Auflage- und Deckplatten auch die einfachsten Möbelstücke wert- und zweckgerecht zu steigern. Zu Spiegeln verarbeitet trägt es nicht allein zur Raumerweiterung bei, sondern erhöht auch die Behaglichkeit. Als bewährtes Material zur Verglasung von Verkehrsmitteln aller Art bildet es das sichtbarste Kennzeichen eines jeden Fahrzeuges von Qualität. Ebenso wie es zu vielen sonstigen technischen Zwecken herangezogen wird. Überall dort jedenfalls, wo man große Ansprüche an das Verglasungsmaterial stellt, wird Kristall-Spiegelglas verwendet.

Optische Eigenschaften. Eine Haupteigenschaft, welcher Spiegelglas seine außerordentlich verbreitete und vielseitige Verwendung verdankt, ist die klare Durchsichtigkeit. Sie ist ein wesentliches äußeres Kennzeichen für Kristall-Spiegelglas

MIES VAN DER ROHE. AUSSTELLUNG SPIEGELGLAS, STUTTGART

und für den praktischen Gebrauch desselben eine Eigenschaft, die bei allen übrigen Werkstoffen fehlt und deshalb dem Spiegelglas eine hervorragende und alleinstehende Zweckbestimmung eingeräumt hat.

Die Brechungszahl beträgt für Spiegelglas i. M. = 1.5.

Die natürliche Lichtbrechung ist beim Kristall-Spiegelglas von wesentlicher Bedeutung. Die starke Ablenkung ruft äußerlich jenes bewundernswerte und hervorragende In- und Auseinanderfließen der Lichtstrahlen hervor, welche aus dem Innern der Scheibe und aus ihren Flächen mit feurigem Glanz heraustreten.

Neben dieser natürlichen Lichtbrechung besteht beim Kristall-Spiegelglas auch eine gewollte, wandelbare. Sie wird erreicht durch entsprechende Färbung bzw. Trübung der Grundmasse oder Mattieren der Oberflächen.

Mechanische Eigenschaften. Das spezifische Gewicht des Kristall-Spiegelglases beträgt i. M. 2.5. Mit Hilfe des spezifischen Gewichtes lassen sich im voraus die tatsächlichen Gewichte von Spiegelglasscheiben bei bekannten Flächen- und Stärkemaßen bestimmen.

Gewichte in kg von 1 qm Spiegelglas bei verschiedenen Stärken in Millimeter:

Stärke ca.	4	5	6	7	8	9	10 mm
Gewicht ca.	10	12,5	15	17,5	20	22,5	25 kg.

Chemische Eigenschaften. Kristall-Spiegelglas gehört zu denjenigen Gläsern, deren Zusammensetzung das Entstehen der sogenannten Verwitterungs-Alkalität der Oberfläche unterbindet und damit die praktische Forderung, möglichst lange glänzend und durchsichtig zu bleiben und nicht blind zu werden, stets erfüllt. Seine Verwendung z. B. bei Fensteröffnungen von Ozeandampfern, die heiße und feuchte Zonen in langen Fahrten durchqueren, ist geradezu zur Notwendigkeit geworden.

Wärmeleitvermögen. Beim Kristall-Spiegelglas liegen die Verhältnisse deswegen außerordentlich günstig, da die Formgestaltung sich nur auf ebene, gleichmäßig starke Platten erstreckt. Das Wärmeleitvermögen des Glases ist also relativ gering.

Wärmeleitzahlen des Spiegelglases $\frac{0.645 \text{ kcal.}}{m/h^0 C}$

MIES VAN DER ROHE. AUSSTELLUNG SPIEGELGLAS, STUTTGART

Wärmedurchgangszahlen (k) schwanken für Wände und Öffnungen, die mit Kristall-Spiegelglas verglast sind, in folgenden Grenzen:

        Innentür mit Glasfüllung 3

        Doppelfenster 2,3

        Einfaches Oberlicht, darüber Außenluft 5,1

        Einfaches Oberlicht, darüber Dachraum 3,6

        Doppeltes Oberlicht, darüber Außenluft 2,4

        Doppeltes Oberlicht, darüber Dachraum 2,1

Zugfestigkeit. Die Zugfestigkeit des Spiegelglases beträgt 250 bis 850 kg/cm². Aus Gründen der Sicherheit bei lang andauernder Zugbeanspruchung erscheint es ratsam, Spiegelglas keiner höheren Belastung durch Zug als 100 kg/cm² auszusetzen. Druckfestigkeit des Spiegelases = 9000 bis 13800 kg/cm². Die Druckfestigkeit des Spiegelglases ist seiner Zugfestigkeit stark überlegen. Dieser hohen Druckfestigkeit des Spiegelglases wird im Baufach viel zu wenig Beachtung geschenkt.

Biegungsfestigkeit. Die Beanspruchung auf Biegung wird in Berechnungen mit 100 kg/cm² einzuführen sein, um genügende Sicherheit zu bieten.

Härte. Für die praktische Verwendbarkeit des Spiegelglases als Fußbodenbelag ist die hervorragende Härte 130 bis 140 kg/mm² und die damit zusammenhängende geringe Materialabtragung so außerordentlich wichtig, daß die Dauerhaftigkeit solcher Platten aus Spiegelglas im Vergleich mit anderen Materialien unbegrenzt ist. Feuchtigkeit und Sonnenschein vermögen die Härte nicht zu beeinflussen.

Ausdehnungsvermögen. Bei der vielfachen Verwendung des Spiegelglases, außer zu Verglasungen, in Verbindung mit anderen Stoffen ist die Kenntnis seiner Ausdehnung durch die Wärme wichtig. Der lineare Ausdehnungskoeffizient beträgt für Spiegelglas $x = 0{,}00000819$ oder $81{,}9 \times 10^{-7}$. Die lineare Ausdehnung zwischen 0° C bis 100° C in mm bezogen auf 1 m Länge bei 0° C beträgt bei Spiegelglas 0,819.

Größen: Für größte Abmessungen von Schaufensterscheiben bestehen folgende Lieferungsmöglichkeiten:

a) Gewöhnliche Eisenbahnwagen.   Glashöhe 321 cm, Glaslänge 700 cm,

                                                                ev. auch 850 cm.

MIES VAN DER ROHE. AUSSTELLUNG SPIEGELGLAS, STUTTGART

b) Verladen auf Schräggestell   Glashöhe 354 cm, Glaslänge 700 cm.
c) Tiefgangwagen . . . . 1. übliche Spezialwagen der Reichsbahn
   Glashöhe 370 cm, Glaslänge 700 cm.
   2. Spezialwagen der Hütte Stolberg.
   Glashöhe 417 cm, Glaslänge 590 cm.
   3. Spezialwagen der Station Ratingen
   Glashöhe 415 cm, Glaslänge 470 cm.

Es darf nicht unterlassen werden, ganz besonders darauf aufmerksam zu machen, daß die unter c genannten Tiefwagen nicht immer zur Verfügung stehen und unter Umständen eine längere Zeit bis zur Gestellung eines passenden Wagens vergehen kann.

Stärke. Die Dicke der einzelnen Tafeln schwankt üblicherweise zwischen 4 bis 8 mm. Genaue gleichmäßige Stärke kann nicht gewährleistet werden. Besondere Stärkewünsche können nur im Rahmen der durch die Eigenart der Fabrikation gegebenen Möglichkeiten berücksichtigt werden.

Farben. Kristall-Spiegelglas wird auch in chromgrün, chartreuse, olivgrün, blau, violett, mausgrau, signalgrün und goldgelb geliefert.

VEREIN DEUTSCHER SPIEGELGLASFABRIKEN G. M. B. H.

MIES VAN DER ROHE. AUSSTELLUNG SPIEGELGLAS, STUTTGART

MIES VAN DER ROHE. AUSSTELLUNG SPIEGELGLAS, STUTTGART

BRÜDER LUCKHARDT UND ALFONS ANKER. SPEISEZIMMER

KARL SCHNEIDER, HAMBURG. HAUS MICHAELSOHN FALKENSTEIN

BLICK AUS DEM WOHNZIMMER

MALLET-STEVENS. SCHWIMMBAD

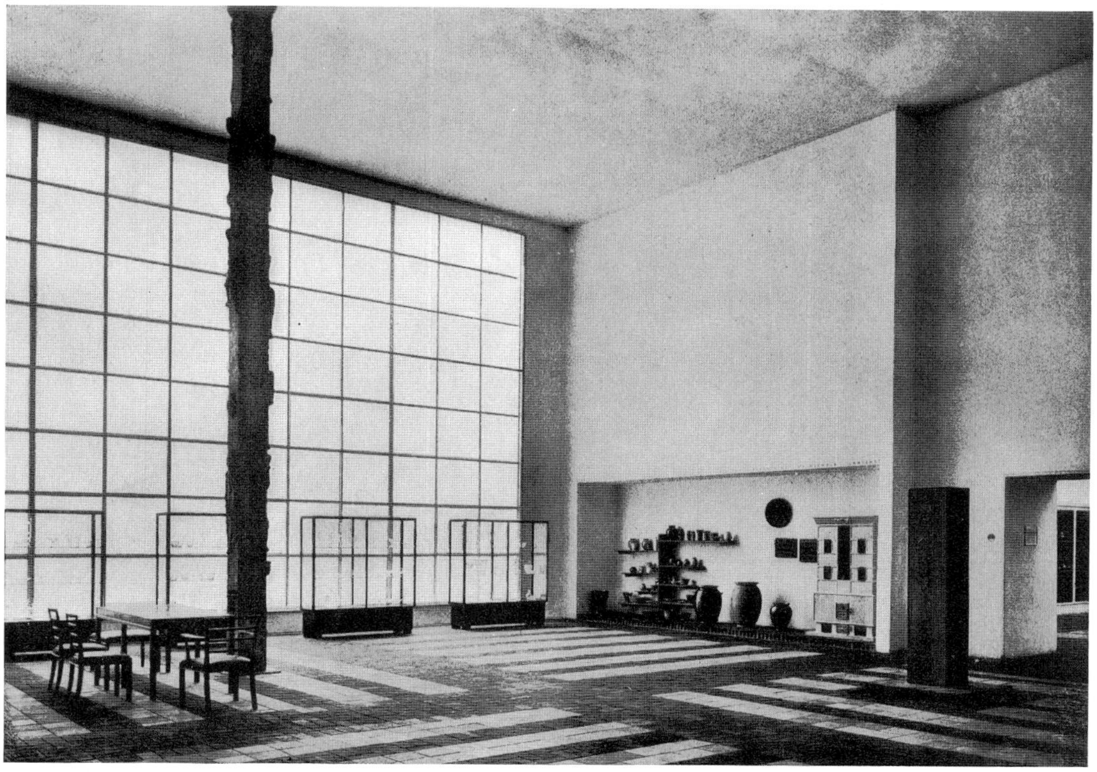

OBEN: G. KROKA. RESTAURANT, PRAG

LINKS: W. v. WERSIN. AUSSTELLUNGSHALLE, MÜNCHEN

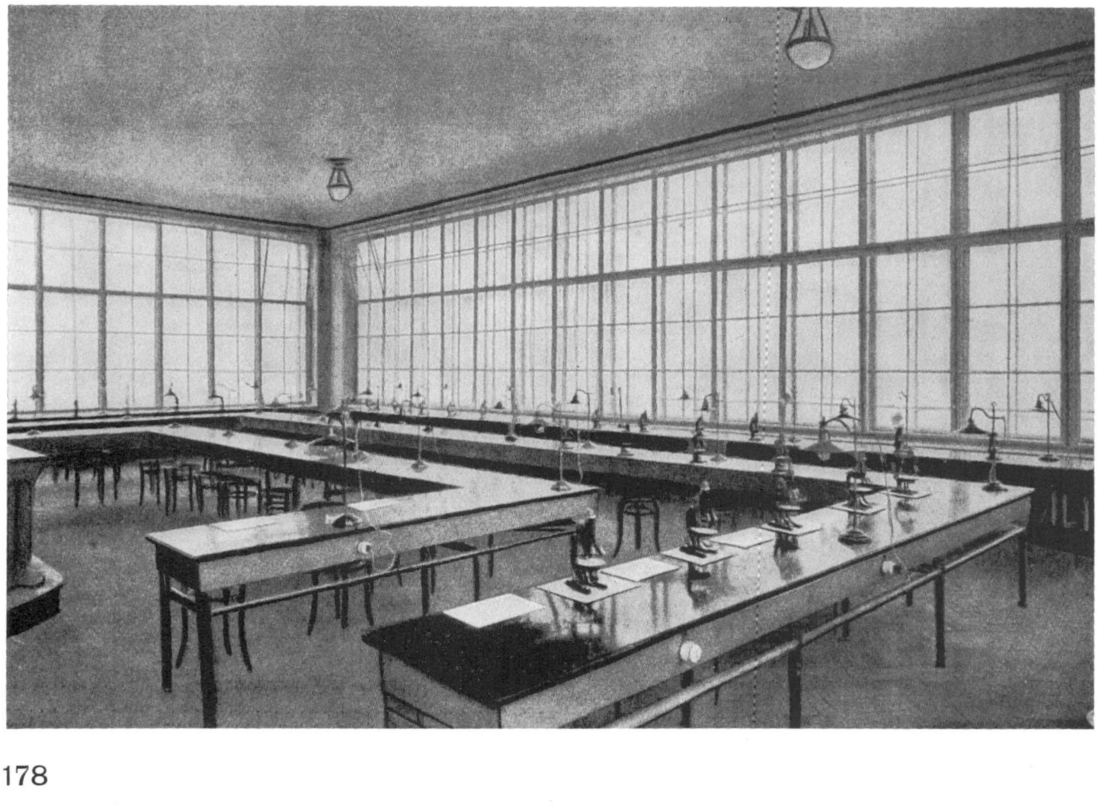

OBEN: GLASDACH DER HALLE DER PHILIPPS WERKE, EINDHOVEN

LINKS: ALOIS SPALEK, PRAG. HLAVA'S ANSTALT, SAAL FÜR MIKROSKOPIE, PRAG

HAUPTRESTAURANT PRESSA, KÖLN. BLICK AUF DEN DOM

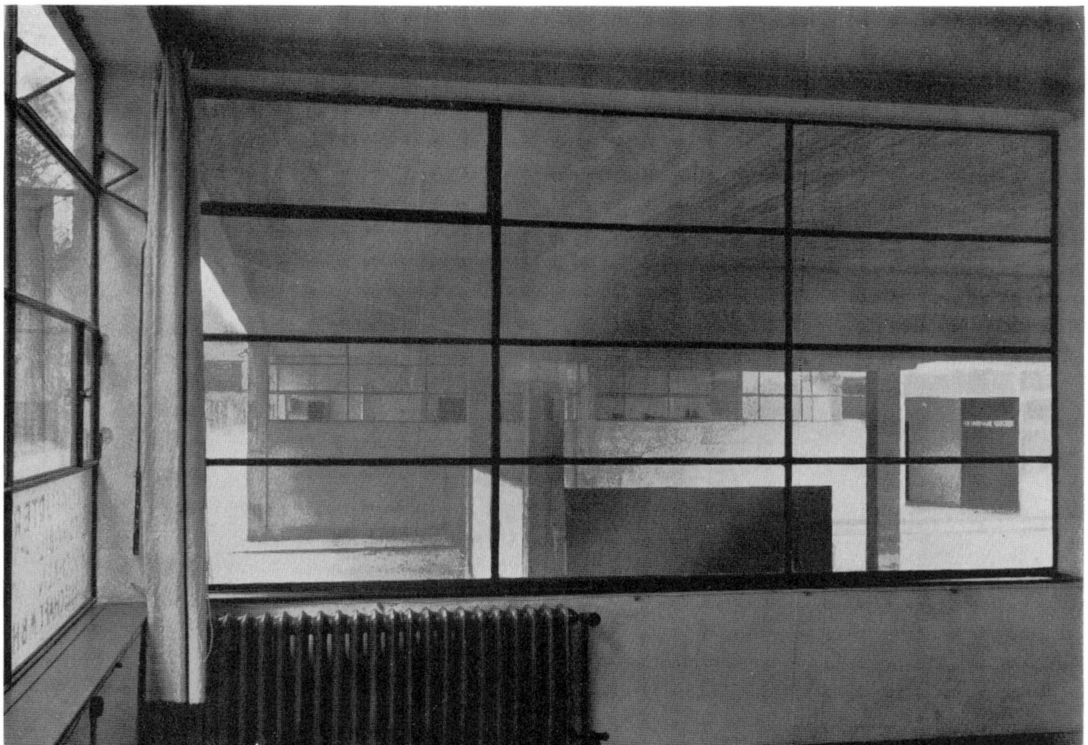

OBEN: ERNST MAY. INNERES DER WOHNHALLE, FRANKFURT A. M.

LINKS: STÄDTISCHES HOCHBAUAMT FRANKFURT A. M.

BEARBEITER: FERD. KRAMER, GROSSGARAGE FRANKFURT A. M.

MIES VAN DER ROHE. INNENRAUM IM WOHNHAUSBLOCK, WEISSENHOFSIEDLUNG, STUTTGART

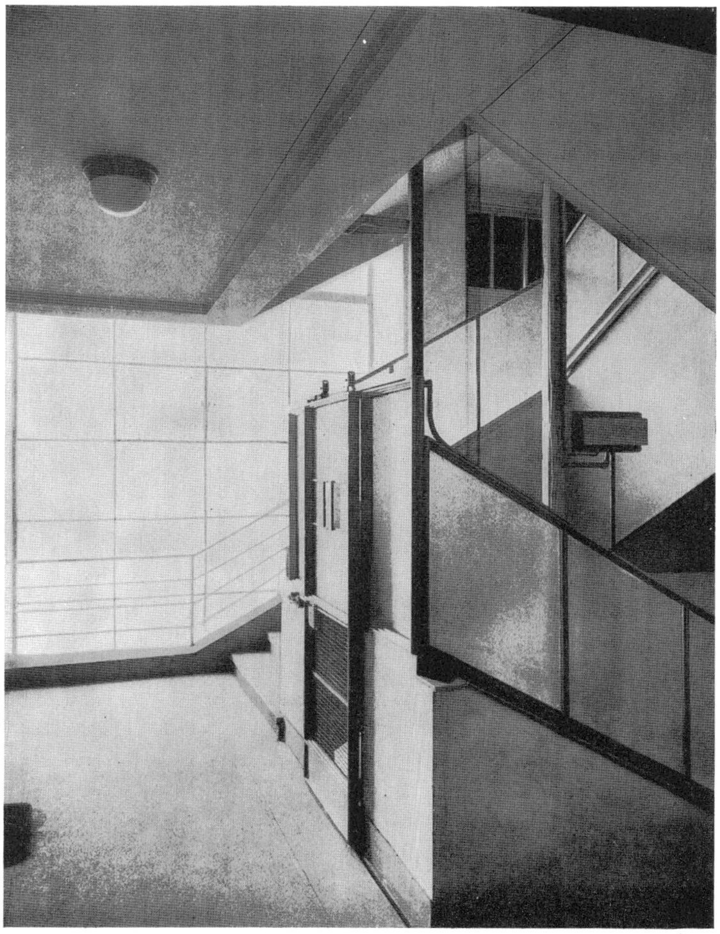

OBEN: KARL SCHNEIDER, HAMBURG. HAUS RÖMER, OBERER KORRIDOR

LINKS: KREJCAR. INNERES EINES KAUFHAUSES, PRAG

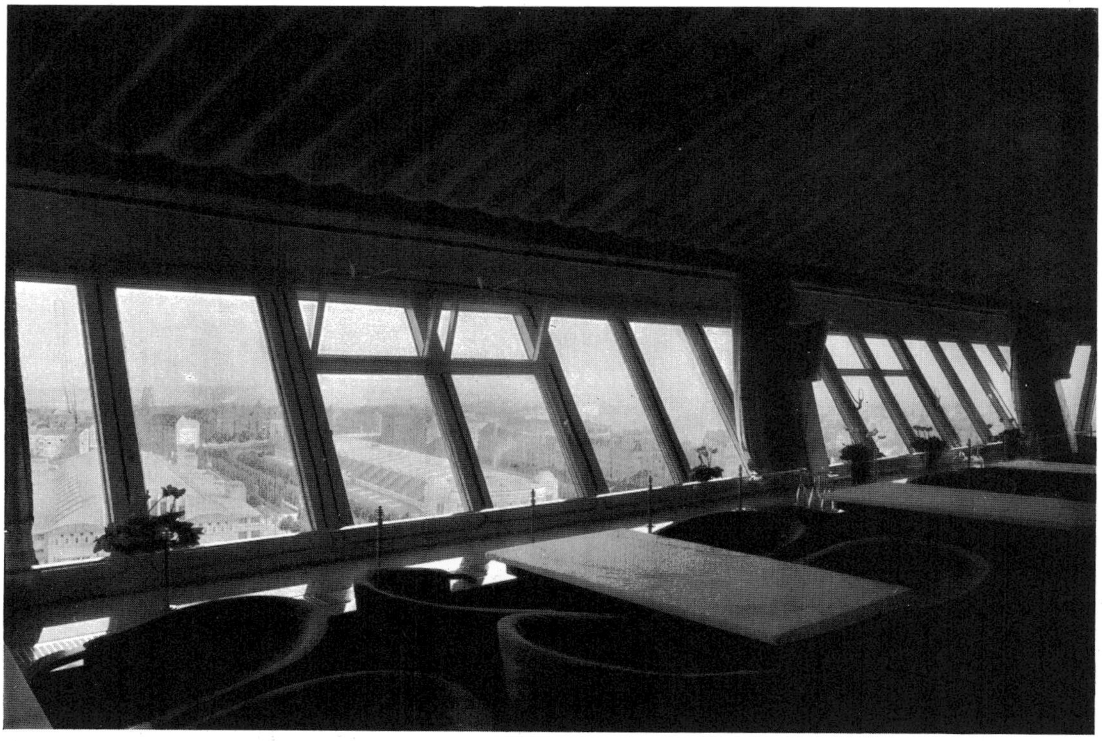

OBEN: HAESLER. SCHULE IN CELLE

LINKS: STRAUMER. FUNKTURMRESTAURANT, BERLIN

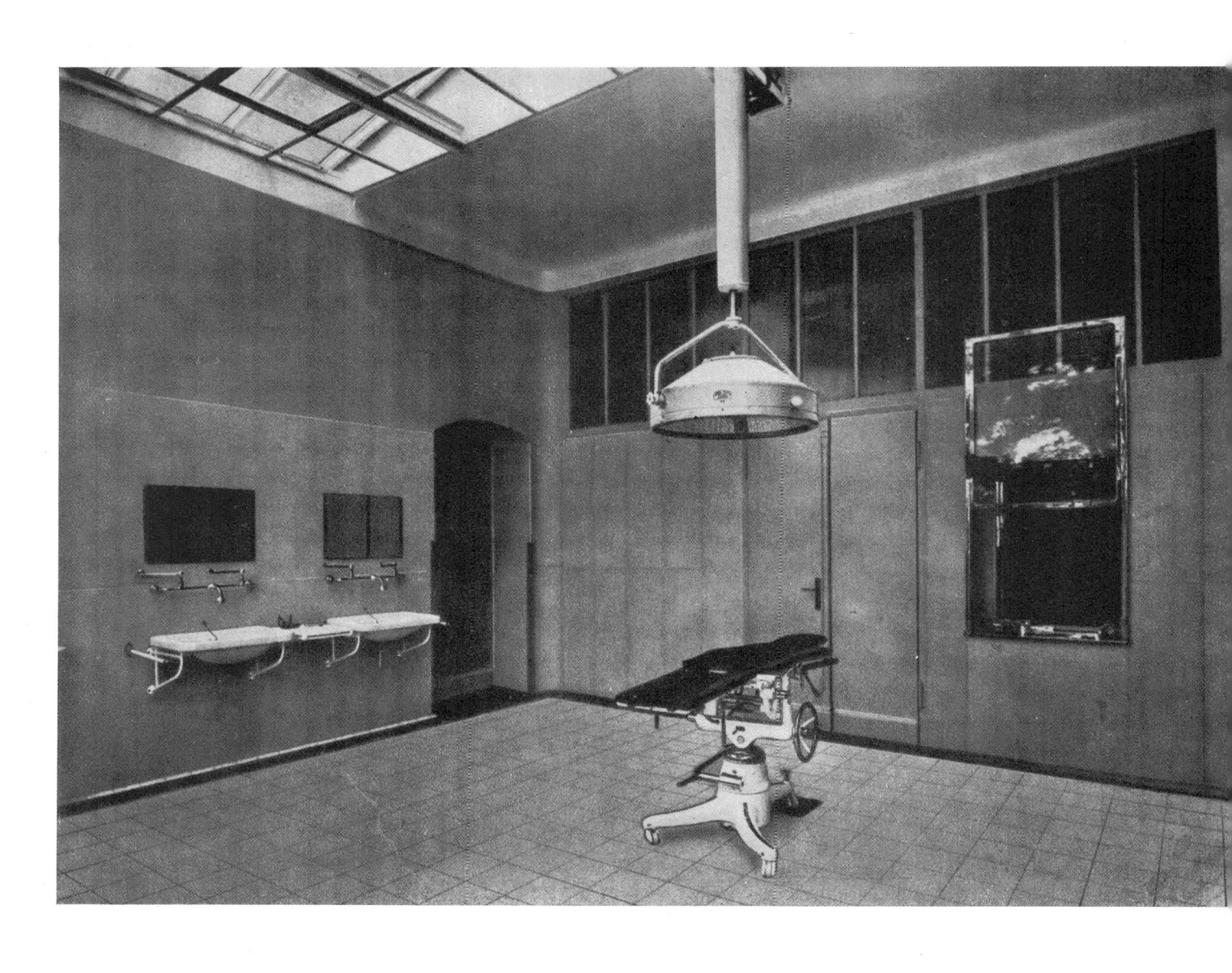

STAATL. HOCHBAUAMT BRAUNSCHWEIG

LANDESKRANKENHAUS BRAUNSCHWEIG

OPERATIONSSAAL AUS OPAKGLAS

BRUNO PAUL. GLASAUSSTELLUNG

OPERATIONSRAUM IN OPAKGLAS

BRUNO PAUL. GLASAUSSTELLUNG, LABORATORIUMSSAAL

INNERES DER REICHSBANK, KÖNIGSBERG

A. KORN UND S. WEITZMANN. LADEN KOPP & JOSEPH, GLASSCHRANK

WALTER GROPIUS. GLASSCHRANK

KARL SCHNEIDER, HAMBURG. LADEN HAMMERSCHLAG, INNERES

vgl. S. 153

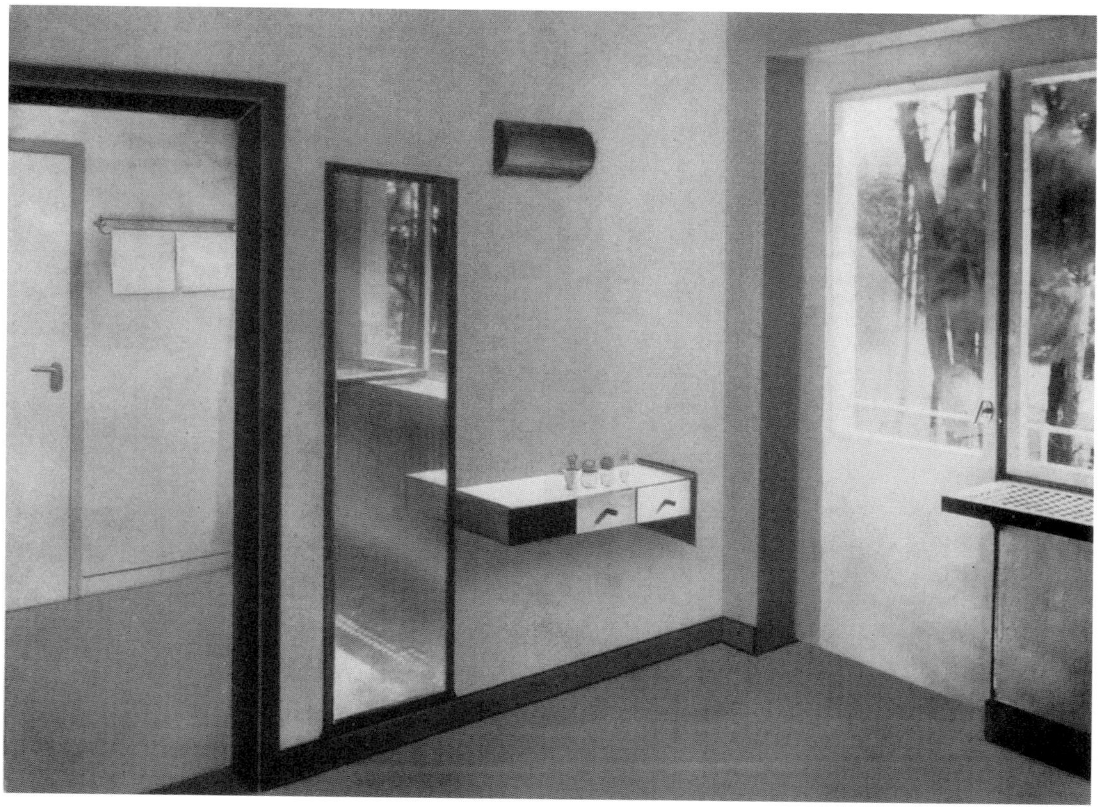

OBEN: WALTER GROPIUS. MEISTERSIEDLUNG, BAUHAUS DESSAU, DAMENTOILETTETISCH

LINKS: DESGLEICHEN

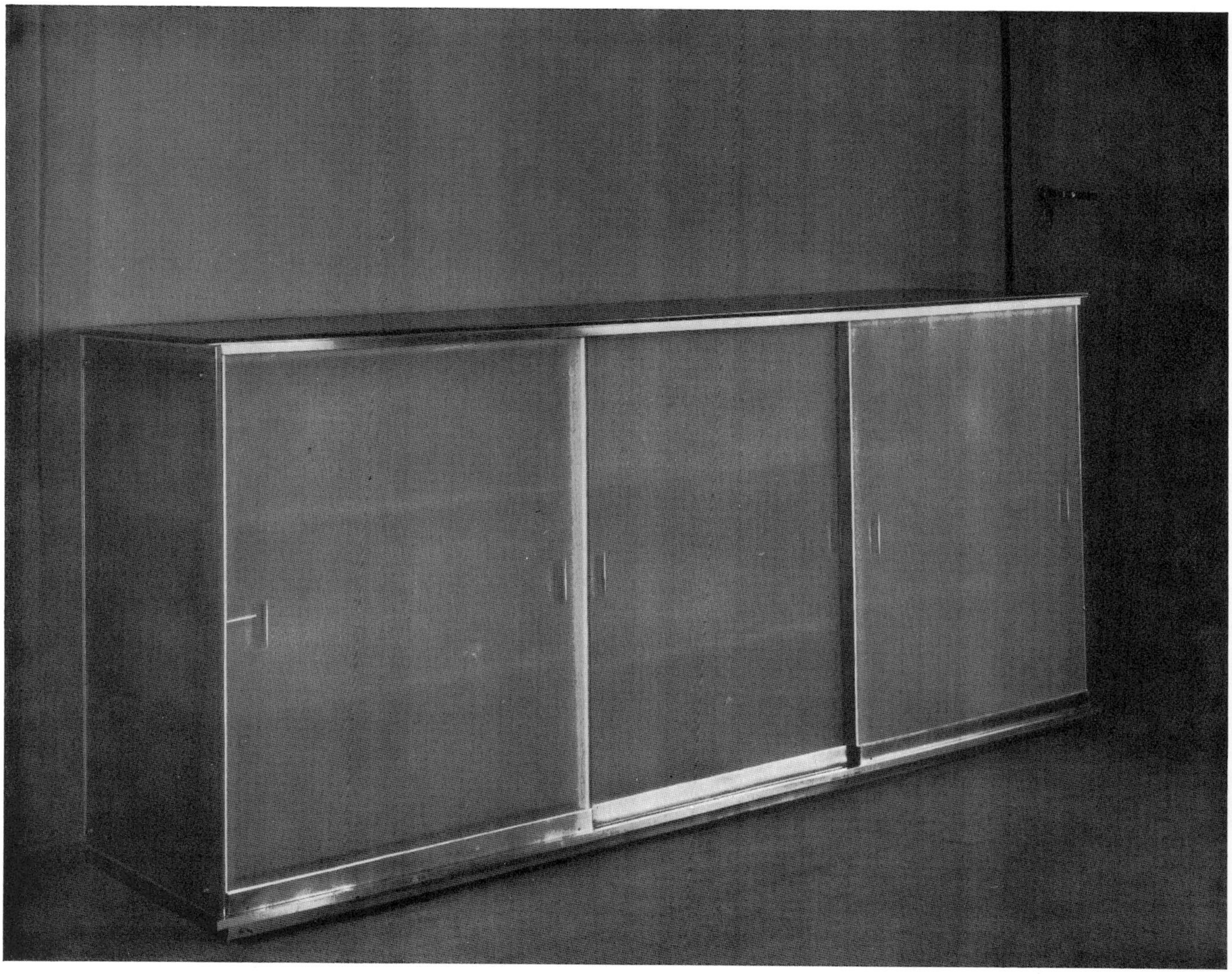

BRÜDER LUCKHARDT UND ALFONS ANKER

INNENRAUM IM EIGENEN HAUS

LINKS: GLASSCHRANK IM SELBEN RAUM

AUSSTELLUNG DER TSCHECHO-SLOWAKEI IN PARIS

GLASSCHRANK

A. KORN UND S. WEITZMANN. GLASSCHRANK

MARCEL BREUER. GLASTISCH

BRUNO PAUL. GLASAUSSTELLUNG

TEILANSICHT DES ZENTRALRAUMES

211

BRUNO PAUL. GLASAUSSTELLUNG

STAND FÜR FLASCHEN UND BALLONS

BRUNO PAUL. GLASAUSSTELLUNG

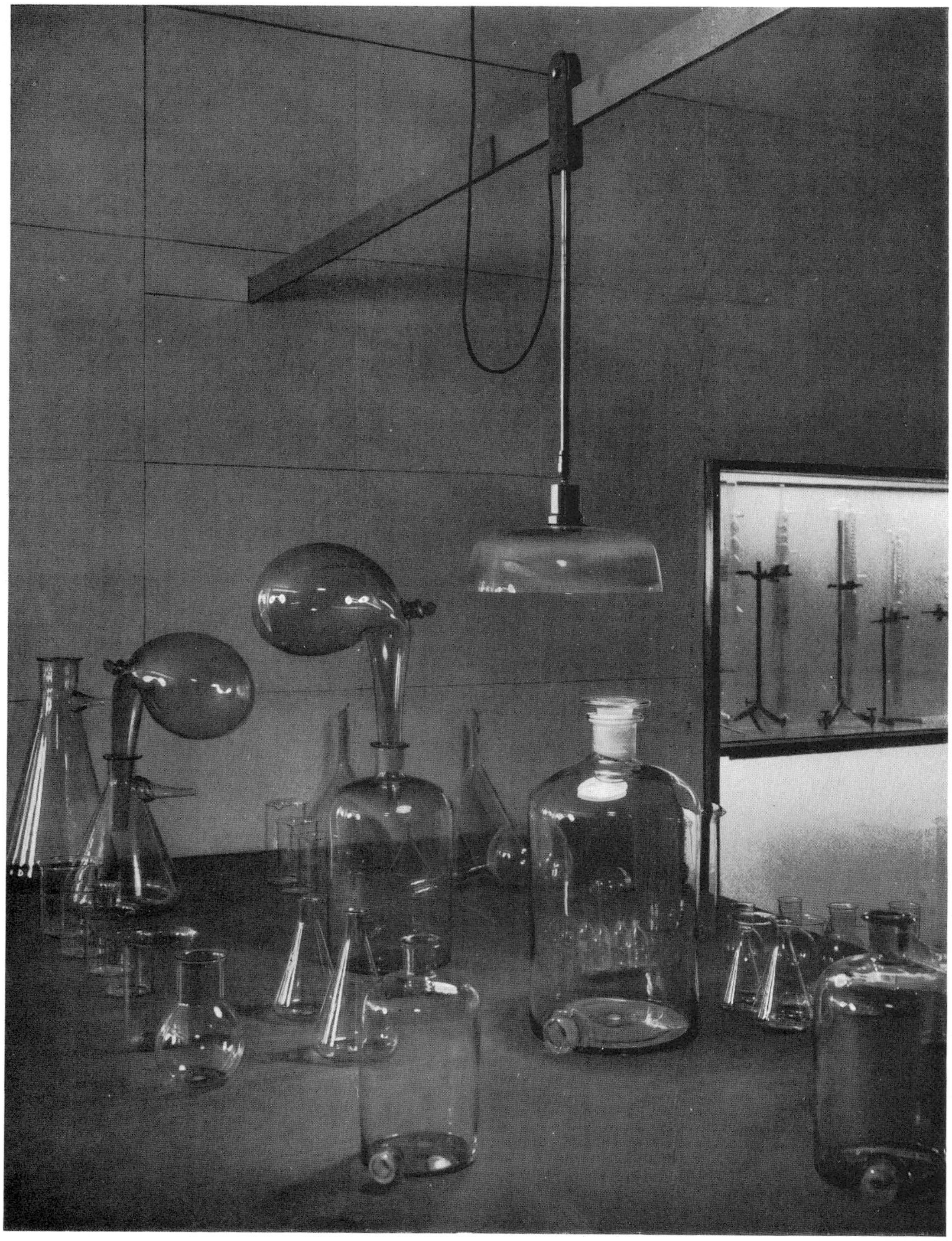

BRUNO PAUL. GLASAUSSTELLUNG

VERSCHIEDENE GEBRAUCHSGLÄSER

LINKS: STAND FÜR TECHNISCHE GLÄSER

FABRIK LEERDAM. ZWEI GEBRAUCHSGLÄSER

MOSAIK

Mosaik besteht aus einem getrübten, alkalireichen Glas, das durch Hinzufügen von Metalloxyden bestimmte Färbungen erhält. Es wird im Hafenofen bei einer Temperatur von 1250 bis 1300° C geschmolzen, dann zu 10 bzw. 5 mm starken Platten in etwa Tellergröße gepreßt und innerhalb mehrerer Tage langsam abgekühlt. Man zählt 13000 bis 14000 farbige Tönungen.

Die fertigen Platten werden mit Stahlrädern in größere Stücke zerschnitten, diese wiederum mit Spitzhammer und Meißel in kleine Steinchen gespalten.

Bei 10 mm starken Platten wird die muschelige Bruchfläche als Oberfläche verwendet, bei 5 mm starken die Preßfläche.

Gold- und Silbermosaik besteht aus echtem Blattgold bzw. Blattsilber, das zwischen zwei durchsichtigen, zusammengeschmolzenen Glasschichten liegt, und zwar unter einem papierdünnen Deckglas und über einem 3 bis 4 mm dicken Glaskörper.

Hierzu werden große Glasballons mit einer Wandstärke von ca. 0,5 mm im Höchstmaß geblasen. Diese Ballons werden in Täfelchen von ca. 85×85 mm geteilt, auf die dann das Blattgold (-silber) aufgelegt wird. Die so belegten Täfelchen werden bis zur Rotglut erhitzt, kommen dann mit der unbelegten Seite nach unten auf eine Presse, auf die gleichzeitig flüssiges Glas über die Täfelchen, und zwar über die Gold- (Silber-) Seite gegossen wird.

Darnach wird das Ganze zu runden Platten gepreßt, die wie die farbigen Mosaikplatten im Laufe mehrerer Tage langsam abkühlen. Alsdann werden die Platten nach Abschneiden der nicht mit Gold oder Silber belegten Ränder wie das farbige Mosaikmaterial weiter behandelt.

Durch die verschiedenartige Färbung des Ballons oder Deckglases erzielt man die verschiedensten Gold- und Silbertönungen (rund 2000 Tönungen).

Mosaiktechnik. Der als Vorbild für die Mosaikausführung dienende, meist farbige Entwurf in natürlicher Größe, der Karton, wird mit Zeichenkohle abgepaust und diese Pause auf ein gutes, eigens präpariertes Zeichenpapier, das dehnungslos

PUHL & WAGNER, GOTTFRIED HEINERSDORFF

MOSAIKPLATTEN UND MOSAIKWÜRFEL

sein muß, abgedrückt. Auf diese Weise entsteht ein Spiegelbild des Kartons, die sog. Werkzeichnung, die zum Zwecke des Mosaiksetzens in handliche, mit Nummern versehene Stücke zerschnitten wird.

Auf diese Werkzeichnung wird Steinchen für Steinchen mit einem in Wasser löslichen Klebstoff befestigt. Für die Farbengebung dient der vor den Setzertischen aufgehängte Originalentwurf als Anhalt. Ist die Arbeit des Setzens, die also von links geschieht, fertig, so daß Teilstück an Teilstück genau fugenlos paßt, so hat man das Mosaik im Spiegelbild vor sich, und die eigentliche Werkstattarbeit ist damit beendet.

Am Bauort wird nun Stück für Stück dieses auf Papier geklebten Mosaik an die Wände bzw. Deckenflucht mit einem Kalkzementmörtel angesetzt, und zwar so, daß die Papierseite nach außen zu liegen kommt. Das Papier wird hierauf mit Wasser abgelöst und das Mosaik gereinigt, worauf es sich dem Beschauer fertig darbietet. In neuerer Zeit wird vielfach das sogenannte „Putzmosaik" angewendet, bei dem die figürlichen oder ornamentalen Teile der Zeichnung allein in Mosaik gesetzt werden, während an Stelle eines Goldgrundes oder farbigen Hintergrundes der naturfarbene oder eingefärbte Edelputz als Fond mitschwingt.

Glasmosaikmaterial wird in Deutschland nur in den Glashütten der Vereinigten Werkstätten für Mosaik und Glasmalerei Puhl & Wagner, Gottfried Heinersdorff, Berlin-Treptow, und der Vereinigten Süddeutschen Werkstätten für Mosaik und Glasmalerei G. m. b. H., München-Sollin II, hergestellt.

Die Verarbeitung dieses Materials erfolgt ebenfalls nur in diesen beiden Werkstätten.

OSCAR GEHRIG

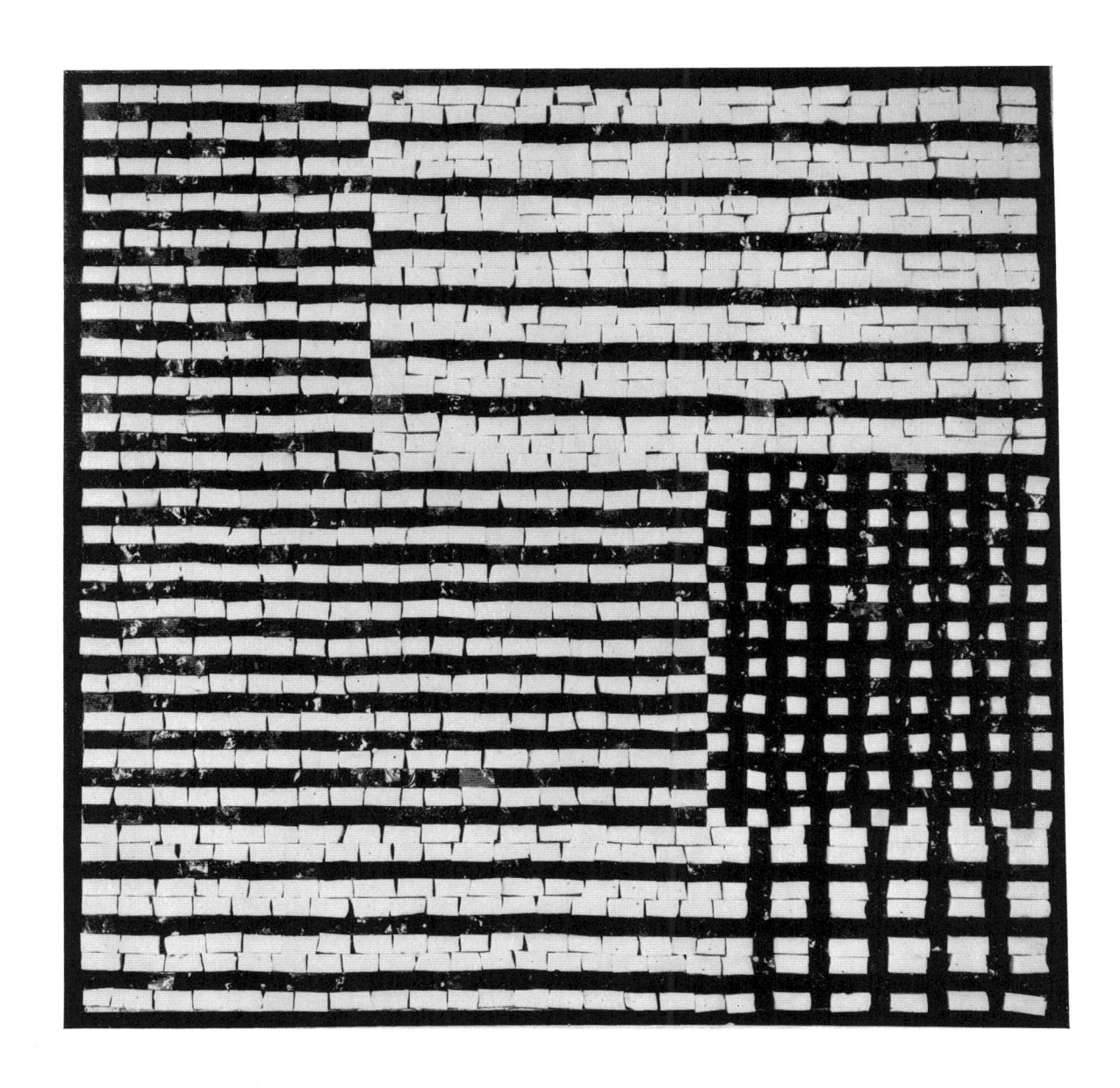

PUHL & WAGNER, GOTTFRIED HEINERSDORFF

WANDMOSAIK SCHWARZ UND HELLGRAU

CÉSAR KLEIN. DEKORATIVES MOSAIK

G. GUEVREKIAN, PARIS. MOSAIKGARTEN

TECHNIK DER GLASMALEREI

Grundlage jedes Glasgemäldes sowie der Kunstverglasung ist der Karton: eine Zeichnung in natürlicher Größe, die alle Einzelheiten der Darstellung und Bemalung enthält. Wenn der entwerfende Künstler mit dem Material und der Technik nicht so vollkommen vertraut ist, daß er in Glas und Blei denken kann, muß die Werkstatt den Entwurf erst in Glas übersetzen.

Der Karton wird zunächst durchgepaust, und zwar werden nur seine eingezeichneten, stark markierten Bleilinien auf ein festes Kartonpapier übertragen. Die so gewonnene „Werkzeichnung" muß, um die Bleidicke zu berücksichtigen, mit einem doppelschneidigen Messer auseinandergeschnitten werden, und sie zerfällt nun in Schablonen, nach denen alsdann das Glas mit dem Diamanten zuzuschneiden ist. Das inzwischen nach der Farbskizze des entwerfenden Künstlers oder Architekten vorangegangene Aussuchen und Abstimmen der Gläser ist eine für das Gelingen verantwortliche und schwierige Arbeit, die nicht alle Glasmaler restlos verstehen. Die größte Gefahr für geschmacklich nicht sehr hoch stehende Handwerker stellt gerade die Skala der vorhandenen Töne dar. Diese ist, im Gegensatz zum Mittelalter, heute so ungeheuer reich, daß dem schlechten Geschmack vollauf Gelegenheit geboten wird, seine fürchterlichen Blüten zu treiben.

Der fertige Zuschnitt wird nun gegebenenfalls mit Schwarzlot bemalt, d. h. die Konturen des Kartons werden mit einem langen, schleppenden Pinsel auf die Glasstücke kopiert. Nach Beendigung der Malerei werden die Einzelteile mit Wachs auf eine Spiegelscheibe geklebt und auf eine Staffelei gestellt, um mit durchfallendem Licht, was für die künstlerische Beurteilung des Fensters von größter Wichtigkeit ist, weiterbearbeitet werden zu können. Nun hat man erst Gelegenheit, die Farbenstimmung richtig zu beurteilen. Gewöhnlich wird noch allerlei ausgewechselt, um die letzten Feinheiten herauszuholen. Der nächste Arbeitsgang

JOSEF ALBERS. WANDGLASBILD, WEISS AUF SCHWARZ

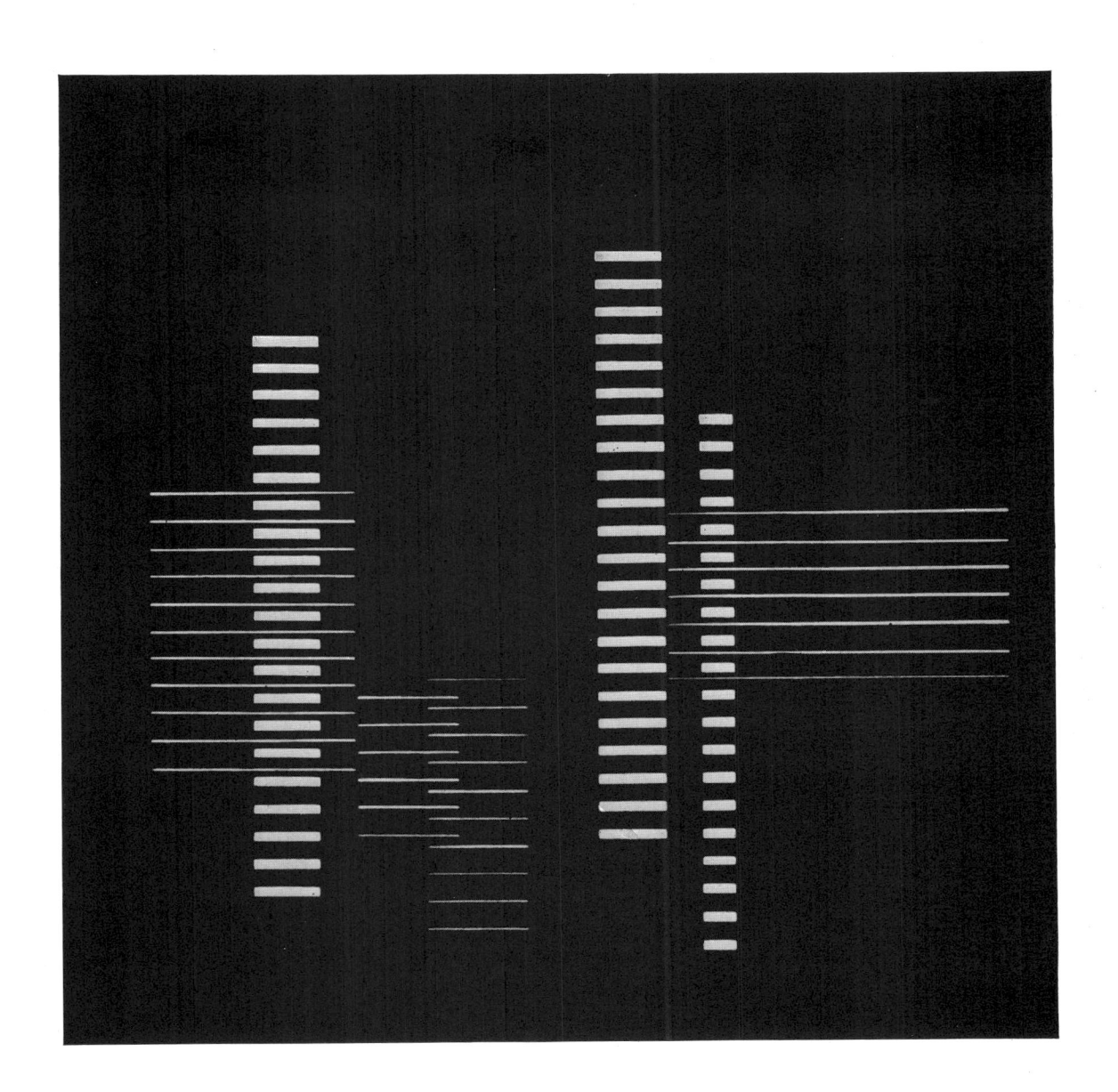

ist das Überziehen der Scheiben ebenfalls mit Schwarzlot. Dieser Überzug wird mit der Hand und feinen Pinseln durchgerieben und „gewachst". Die „Struktur" des Glases, und zwar des sogen. „Antikglases", wird dadurch sichtbar, und die Farben bekommen Tiefe und Leuchtkraft.

Erst in dem Muffelofen, der die bemalten Glasstücke bis zur Rotglut (600 bis 800°) erhitzt, verbindet sich das Schwarzlot und das etwa verwendete, rückseitig aufgetragene Silbergelb mit dem Glase selbst. Nach erfolgter Abkühlung werden die einzelnen Stücke verbleit. Die Bleiruten sind H-förmige Sprossen, in deren Nuten das Glas von beiden Seiten hineingeschoben wird, so daß die Stücke stets nur durch den schmalen Steg der „Seele" voneinandsr getrennt sind, während die Backen seitlich auf das Glas übergreifen und es festhalten. Die „Bunde", d. h. die Stellen, an denen die Bleie zusammentreffen, werden dann verlötet, und das Fenster oder das „Feld" ist bis auf das Verkitten der Bleistege und das Verstärken durch Windeisen fertig, um eingesetzt zu werden.

OSCAR GEHRIG

JOSEF ALBERS. DREI GEÄTZTE SCHEIBENBILDER

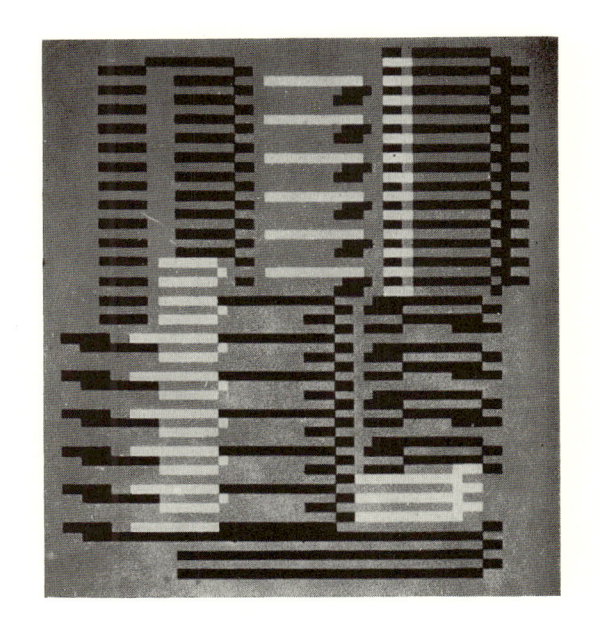

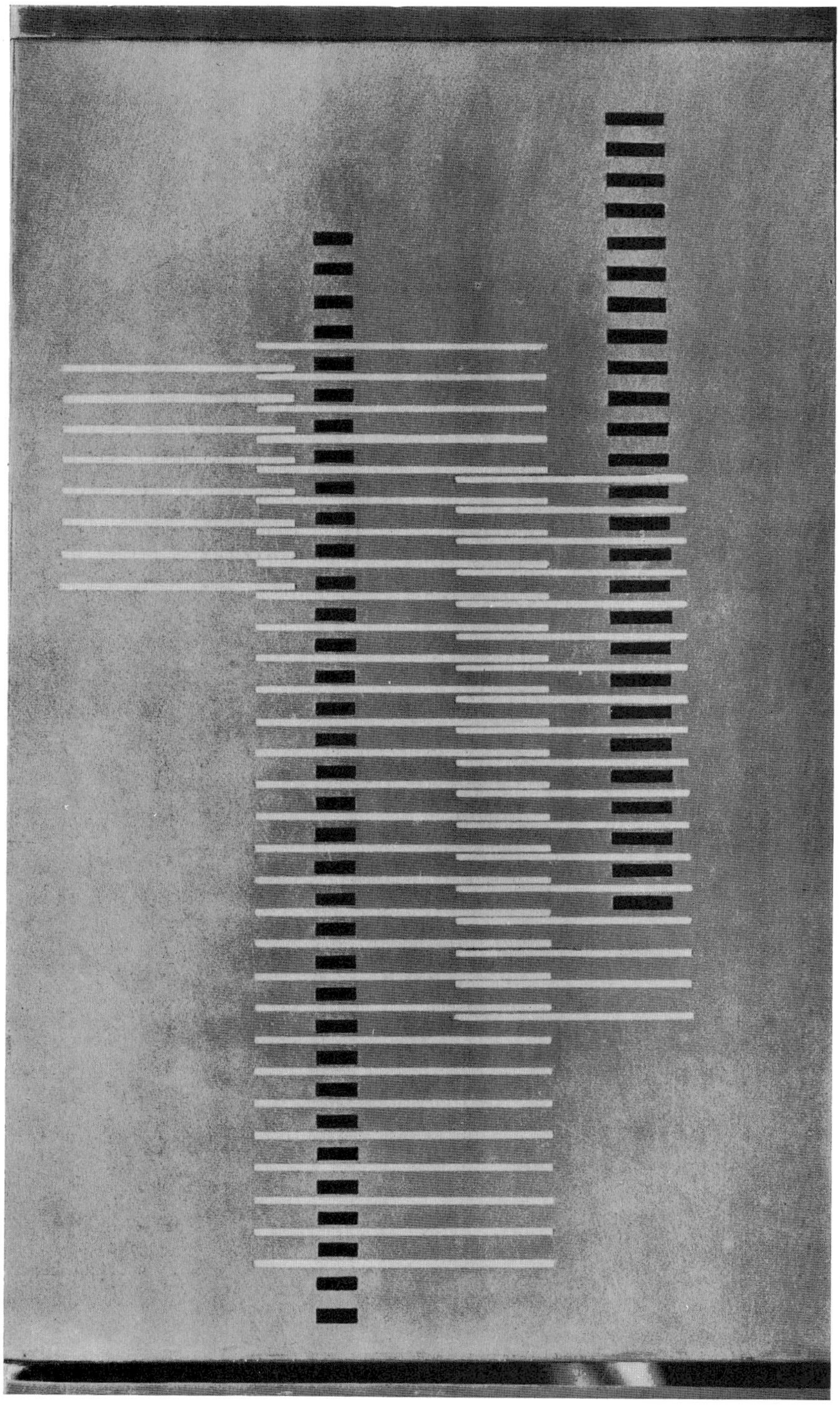

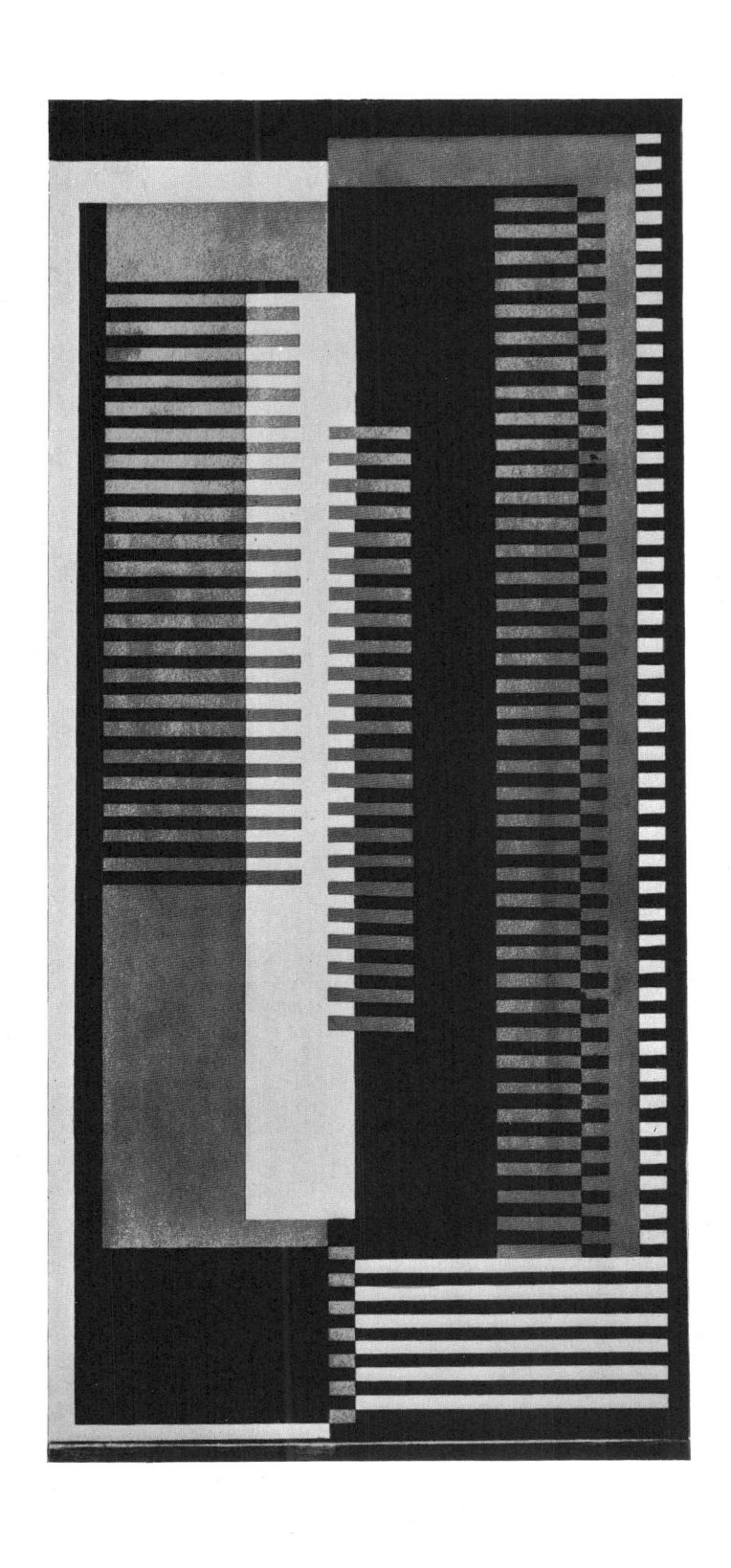

JOSEF ALBERS. WANDGLASBILD

LINKS: WANDGLASBILD, WEISS-SCHWARZ AUF BRAUN

DAS GLAS IN DER LICHTTECHNIK

Das Glas besitzt die Fähigkeit, das Licht ohne wesentliche Schwächung durchzulassen. Darauf gründet sich seine Eignung für lichttechnische Zwecke. Da außerdem seine mechanischen Fähigkeiten, seine Beständigkeit, Vielgestaltigkeit und Bearbeitungsfähigkeit fast allen Ansprüchen genügt, ist es zum unentbehrlichen Baustoff der Lichttechnik geworden. Die verschiedenen Eigenschaften des Glases ergeben auch ganz getrennte Verwendungsmöglichkeiten, nach denen man es in der Lichttechnik unterteilt. Dementsprechend dient es als Schutz, oder es erfüllt die Aufgabe, das Licht in bestimmter Weise zu lenken. Die erste Anwendungsart ergibt sich z. B. beim weißglühenden Wolframdraht der Glühlampe oder als Schutz der Lichtquelle im Beleuchtungskörper. Die zweite Fähigkeit, das Licht zu lenken, kann wiederum beliebig erzeugt werden; je nach seiner physikalischen Bearbeitung, nach seiner chemischen Zusammensetzung oder Nachbehandlung werden beide Gruppen sich überschneiden. Dann können beide Haupteigenschaften des Glases vorteilhaft verbunden werden.

Vom Klarglas werden meist mechanische Eigenschaften verwertet, obwohl es auch in besonderen Fällen eine große Rolle zur Lenkung des Lichtstromes spielen kann, z. B. bei Linsen und Prismen. Auch macht die gerichtete Reflexion des verspiegelten Klarglases es zum Hauptmaterial vieler Scheinwerfer oder scheinwerferartigen Leuchten (z. B. Schaufensterschrägstrahler). Der wirksame Bestandteil der hierbei verwandten Diopterglocken besteht aus einer Reihe von Glasprismen, die das Licht in die gewünschte Richtung lenken. Trotzdem hat für die praktische Beleuchtungstechnik das weiter bearbeitete Material größeres Interesse, und das hat folgenden Grund: Eine gute Beleuchtungsanlage verlangt eben nicht nur eine passende Verteilung des Lichtes im Raum oder auf der Arbeitsfläche; sondern physiologische Rücksichten auf die Sehtätigkeit des Auges erfordern vor allem eine Herabsetzung der hohen Leuchtdichte

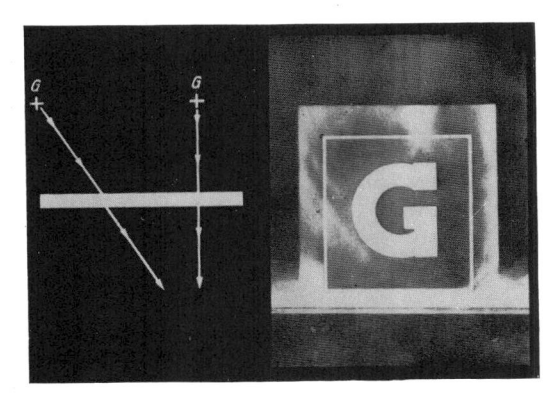

DIE GERICHTETE DURCHLÄSSIGKEIT,
KEINE STREUUNG (BEISPIEL: KLARGLAS)

DIE SPIEGELNDE REFLEXION
(BEISPIEL: GLASSPIEGEL)

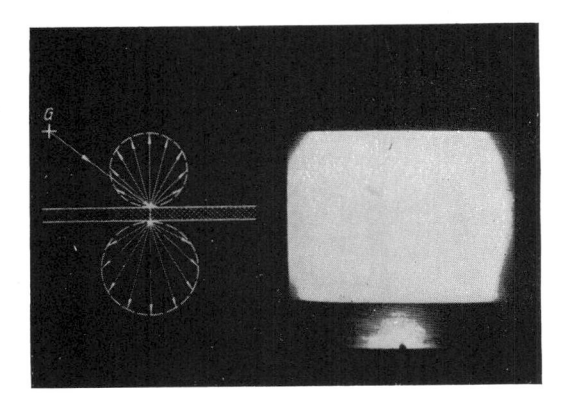

DIE DIFFUSE DURCHLÄSSIGKEIT, GUTE
STREUUNG (BEISPIEL: GUTES TRÜBGLAS)

DIE DIFFUSE REFLEXION (BEISPIEL: MATTIERTES
OPALGLAS, PRAKTISCH VOLLKOMMEN DIFFUS)

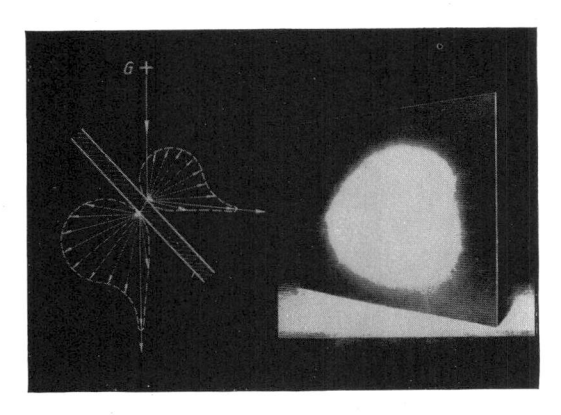

DIE GEMISCHTE DURCHLÄSSIGKEIT,
GERINGE STREUUNG (BEISPIEL: MATTGLAS)

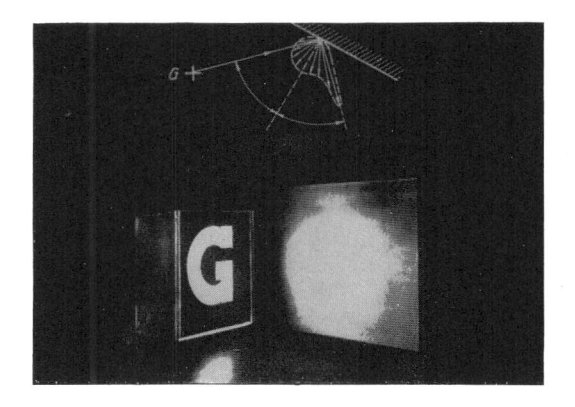

DIE GEMISCHTE REFLEXION
(BEISPIEL: ORNAMENTGLAS)

DIE EIGENSCHAFTEN VERSCHIEDENER LICHTTECHNISCHER MATERIALIEN

der sichtbaren Lichtquellen, um Blendung zu vermeiden. Neben der Lenkung des Lichtes verfolgt daher das Glas in diesem Falle den Zweck, das von der Glühlampe gelieferte Licht zu zerstreuen. Der Lichtstrom, der von der Fläche des Glasfadens mit seiner hohen Leuchtdichte kommt, muß auf eine große Fläche geringerer Leuchtdichte verteilt werden, die dann selbst leuchtend wird. So wird die Blendung des Auges verhindert. Zur Verhütung dieser Blendung ist Klarglas ungeeignet, denn es läßt das Licht, wie der Fachausdruck lautet, „gerichtet" hindurch, ebenso verhalten sich die vielgestaltigen Ornament- und Kathedralgläser, deren Oberflächen und Unebenheiten das Licht zwar etwas diffus reflektieren, aber doch nicht ausreichend.

Durch Sandstreifen wird die Oberfläche des Klarglases aufgeraut, d. h. mattiert oder durch Flußsäure die glatte Haut geätzt. Aber beides befriedigt nur in ästhetischer Hinsicht, ist jedoch in lichttechnischer Hinsicht als Mittel zur Vermeidung der Blendung zu verwerfen. Die Schwäche dieser Gläser liegt in ihrer geringen Streuung, die nur in Ausnahmefällen ihre Verwendung gestattet. Ebenso können mattierte Gläser als ein wirksamer Baustoff der Lichttechnik nur angesprochen werden zur Verhinderung von Schlieren, Schattenspinnen an Decken und Wänden, also in den Fällen, wo die Beleuchtung gleichmäßig zu machen ist. Ausreichende Streuung bei Verhütung der Blendung geben nur die Gläser, deren Fluß mit trüben Teilchen durchsetzt ist. Das übliche Opalglas, die stärker Licht durchlässigen Spezial-Trübgläser und Opalüberfanggläser bilden daher eine Grundlage des Beleuchtungskörperbaues. Billigere Trübgläser jedoch, wie das in der Durchsicht rötlich, in der Draufsicht bläulich erscheinende Opalüberfangglas, besitzen eine mangelhafte Streuung, sind daher als minderwertig anzusehen.

Mit der Formung und Lenkung des Lichtes, das eine Energieart darstellt, ist, wie überall in der Technik, auch hier ein gewisser Energieverlust verbunden. Beiliegende Tabelle gibt in Prozenten die bei Durchtritt des Lichtes auftretenden Absorptionsverluste wieder. Sie zeigt, daß die lichttechnisch einwandfreien und gut streuenden Materialien, die guten Trübgläser, den schlechteren Materialien wie Mattglas, an Wirtschaftlichkeit nicht nachstehen; ihre Ablehnung — wie sie teilweise von Architektenseite noch erfolgt — ist daher unbegründet.

VORRAUMBELEUCHTUNG. AM TAGE OBERLICHT, ABENDS GLEICHER RAUMEINDRUCK BEI KÜNSTLICHER BELEUCHTUNG, BELEUCHTUNGSKÖRPER OBERHALB DER GUT LICHTSTREUENDEN DECKE (OPALGLAS) ANGEORDNET

Farbige Gläser, seien es durchsichtige oder getrübte Materialien, bewirken natürlich bedeutendere Absorptionsverluste, die durch Verwendung eines höheren Energieaufwandes, also durch höhere Lichtleistung ausgeglichen werden müssen. In der Praxis spielen farbig überfangene Gläser, besonders in der Reklamebeleuchtung, eine Rolle. Stehen in einzelnen Fällen die gewünschten Farbgläser nicht zur Verfügung, so gibt Klarglas, mit einem entsprechenden Farblack überzogen, ein gutes Ersatzmittel.

Zwischen der Lichtfarbe der künstlichen Lichtquellen und der des Sonnenlichtes besteht ein ziemlich bedeutender Unterschied, der zur Vermeidung unangenehmen Mischlichtes mitunter ausgeglichen werden muß. Es gilt dann, die Lichtfarbe der künstlichen Lichtquelle der des Sonnenlichtes durch Vorschaltung eines Blaufilters anzugleichen. Auch hierbei leistet blaues Klarglas oder blau überfangenes Opalglas gute Dienste. Je nach Art der Angleichung der Lichtfarbe an das direkte oder diffuse Sonnenlicht betragen die hier auftretenden Absorptionsverluste 30—75%.

Tabelle der angenäherten Werte der lichttechnischen Eigenschaften lichtstreuender Stoffe.

Material:	Dicke mm	Streuung	Reflexion %	Durchlässigkeit %	Absorption %
Klarglas	2 —4	keine Strg.	6— 8	90—92	2— 4
Klarglas mattiert	1,8—3,3	ger. Strg.	6— 19	60—91	2—24
Ornamentglas	3 —4,5	,, ,,	6—20	70—91	2—14 je n. Art d. Glases
Opalinglas	1,8—2,5	,, ,,	13—28	59—84	2—13
Opalglas massiv	1,3—4,0	gute ,,	52—74	10—38	6—24
Opalüberfangglas	1,8—3,1	,, ,,	29—52	36—66	3—10
Spezialtrübgläser		Werte analog Opalüberfangglas			

OSRAM G. M. B. H.

VORRAUMBELEUCHTUNG. AM TAGE DURCH OBERLICHT (LINKS),

AM ABEND DURCH KÜNSTLICHES OBERLICHT (RECHTS)

500-VOLT LAMPE VON PINTSCH

A. KORN UND S. WEITZMANN

SCHREIBTISCHLAMPE MIT GRÜNEM NORMALSCHIRM

BRUNO PAUL. GLASAUSSTELLUNG, RAUM DER OPTIK

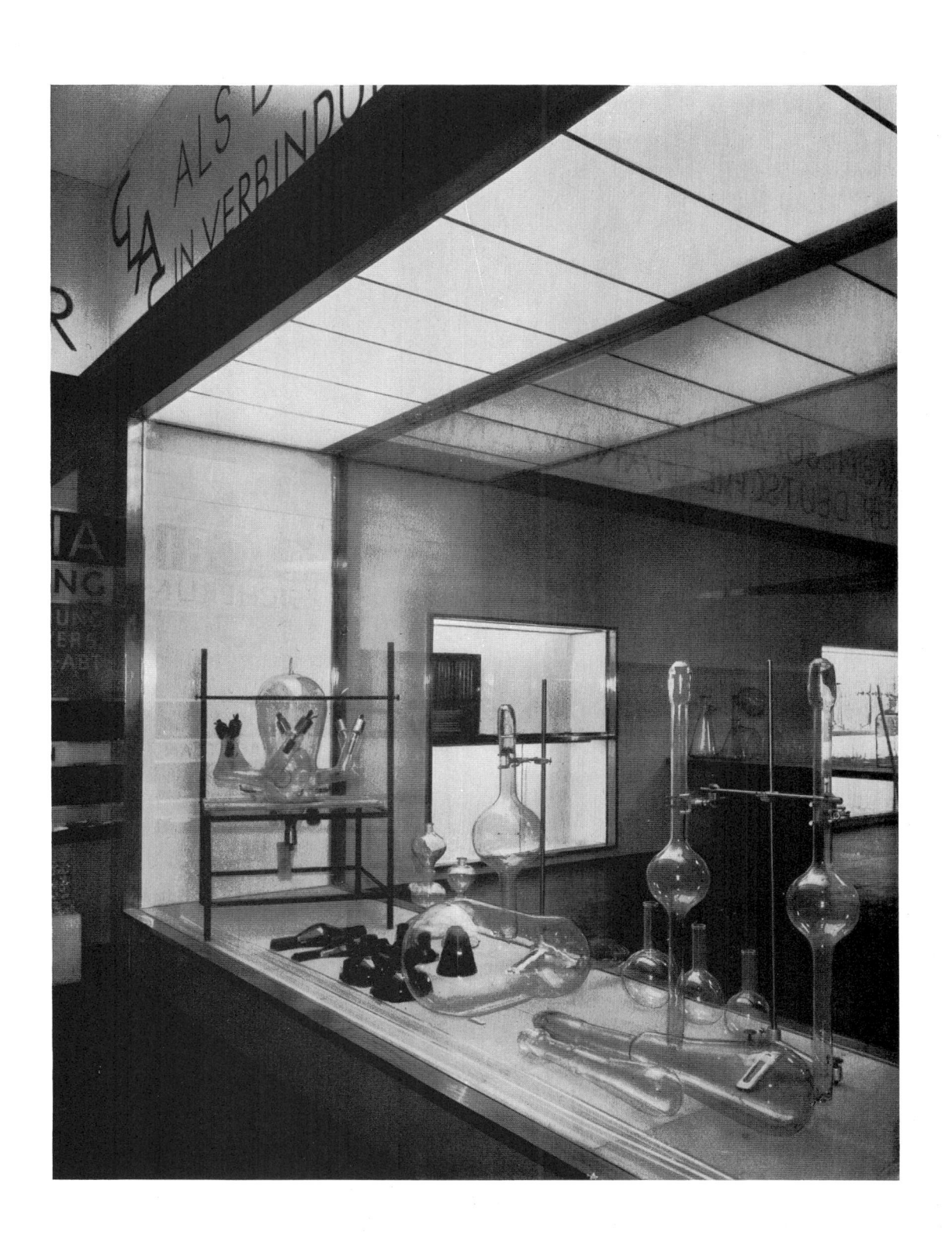

BRUNO PAUL. GLASAUSSTELLUNG

RAUM FÜR CHEMISCHE GLÄSER

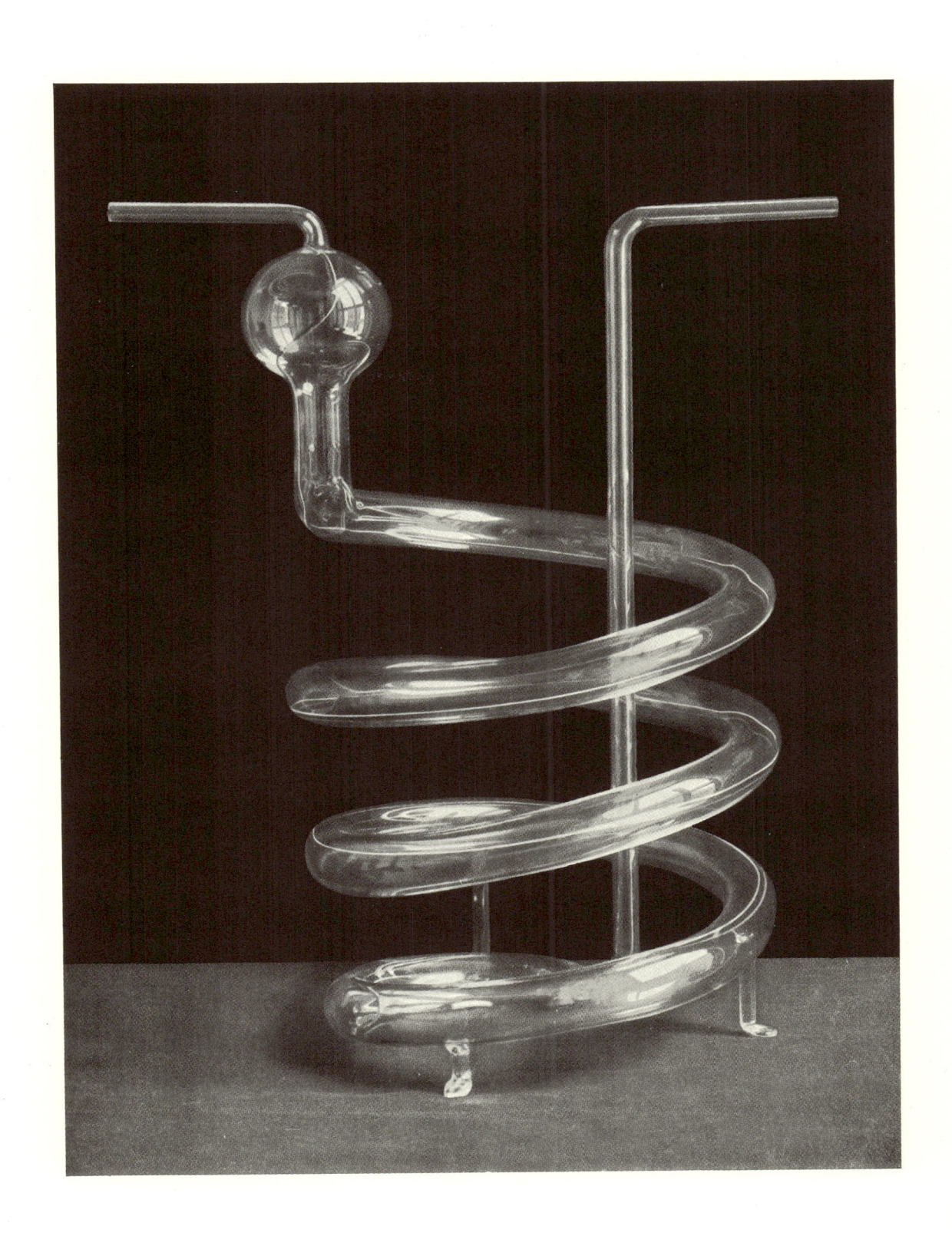

LANDESFACHSCHULE FÜR GLASINSTRUMENTEN-TECHNIK, ILMENAU

GEBLASENE GROSSE KÜHLSCHLANGE

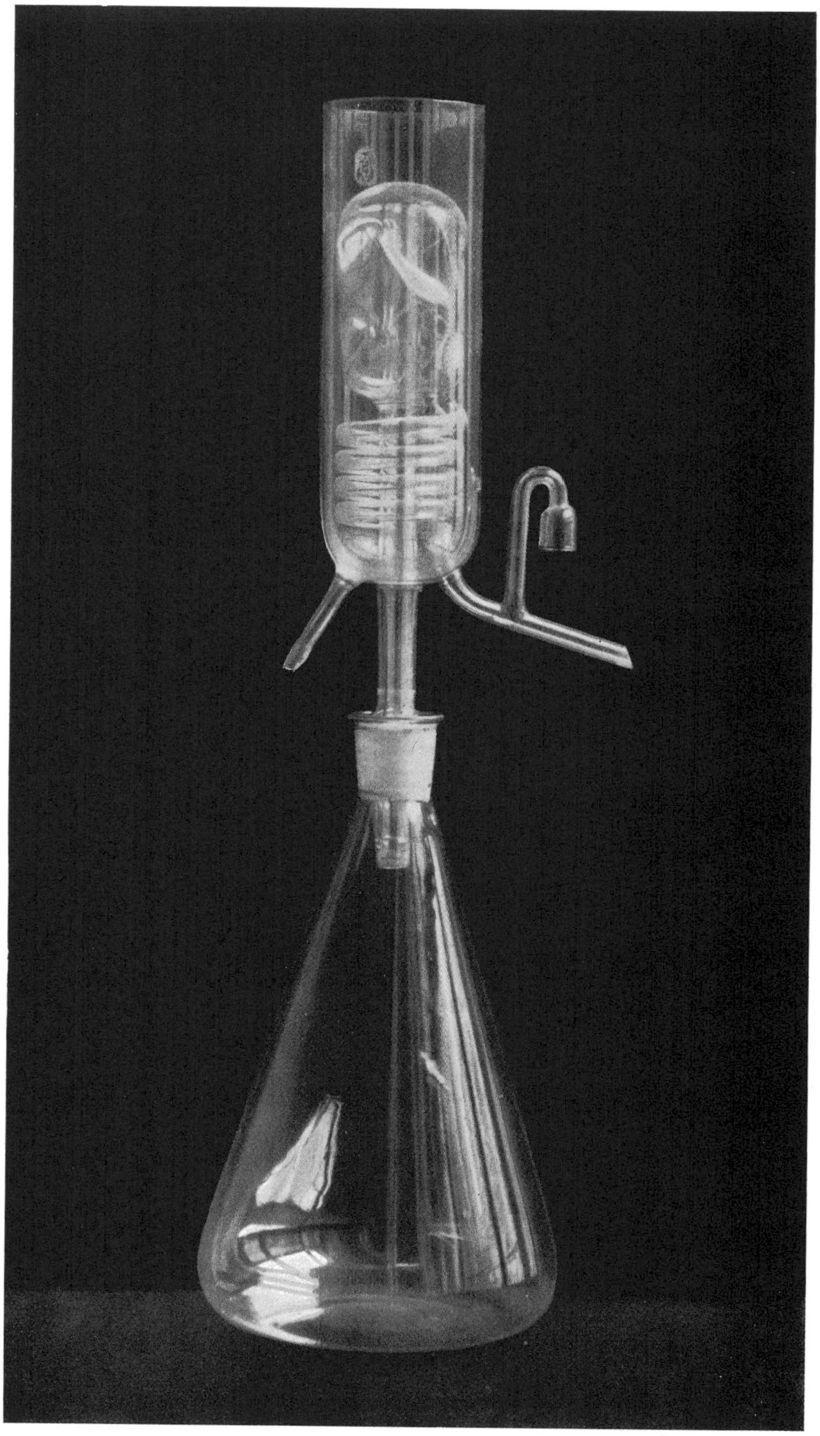

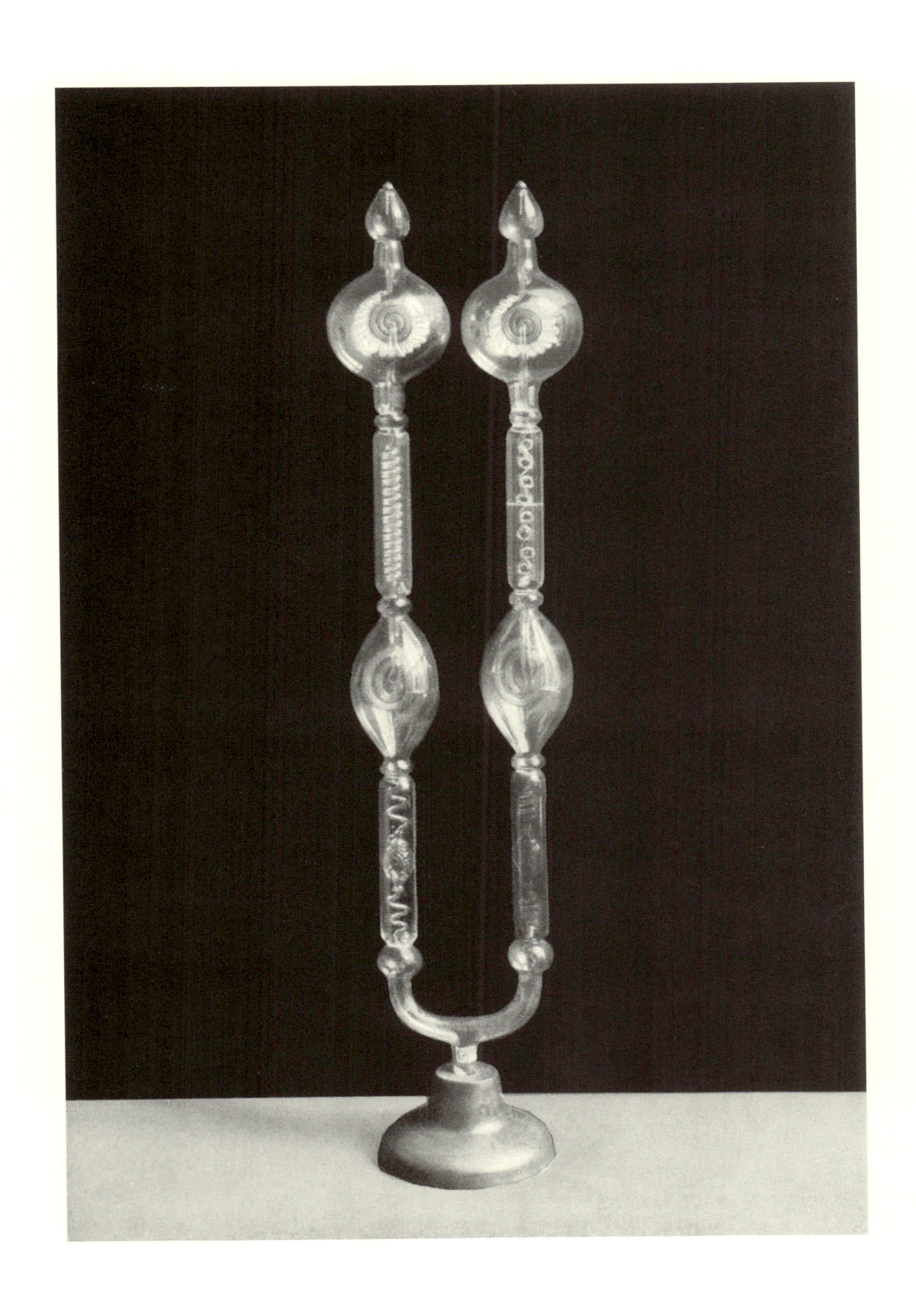

LANDESFACHSCHULE FÜR GLASINSTRUMENTEN-TECHNIK, ILMENAU

GEISSLERSCHE RÖHREN VOR DER LAMPE GEBLASEN

LINKS: GROSSER DESTILLATIONSAPPARAT AUS JENAER GLAS

N. GABO. RUSSISCHES BALLETT VON SERGE DIAGHILEFF

MYRA WARHAFTIG

»Das Glas bringt uns die neue Zeit; Backsteinkultur tut uns nur leid« (1)
Zu Arthur Korns Zeitdokumentation

Die Herstellung von Glas reicht weit in das Altertum zurück. Schon im 4. Jahrtausend vor Christus entwickelten die Ägypter und die Phönizier künstlerische Objekte aus Glas, die wertvoll waren. In Europa war in späteren Zeiten die Anwendung von bunten Glasfenstern zunächst den christlichen Gotteshäusern vorbehalten, sie erreichte ihren Höhepunkt in den gotischen Kathedralen Frankreichs im 12. Jahrhundert.

Im Jahr 1791 erfand man die künstliche Herstellung von Soda, der chemischen Substanz als Flußmittel zur Einleitung und Förderung der Schmelze von Kieselsäuren, Alkalien und gebranntem Kalk. Seither ist das Glas ein Massenprodukt mit vielfältigen Anwendungen, unter anderen im Baubereich.

Die technische Verwendung von Glas als Baustoff hat die Geschichte der Architektur entschieden mitgeprägt. Und bis heute noch ruft die Eigenschaft von Glas als Baumaterial Bewunderung hervor und gilt als Synonym für höchst moderne Architektur (2).

Der Berliner Arthur Korn, seit 1922 Sekretär in der Künstlervereinigung »Novembergruppe«, seit 1924 Mitglied in »Der Ring« und seit 1928 in C.I.A.M., gehörte zu den radikalen Architekten der Weimarer Republik (3).

Er wurde am 4. Juni 1891 als Sohn einer jüdischen Familie in Breslau geboren. Sein Vater war ein Werkzeugmaschinen-Händler, seine Mutter war Malerin und Lehrerin.

1892 kam die Familie nach Berlin, wo Arthur Korn später zur Schule ging und von 1909 bis 1911 die Kunstgewerbe-Schule besuchte. Er war jedoch als Architekt überwiegend Autodidakt. Er praktizierte den Beruf in Architekturbüros in Halle und Berlin. Als Soldat im Ersten Weltkrieg wurde er mit dem Eisernen Kreuz ausgezeichnet. Nach einer kurzen Partnerschaft mit Erich Mendelsohn machte er sich selbständig. Im Jahr 1922 ging er eine Partnerschaft mit Siegfried Weitzmann ein, die bis 1934 dauerte (4). Während dieser Zeit sind ihre bedeutendsten Bauten entstanden (5). Zu ihren Hauptwerken gehörten Wohnhäuser, Villen mit Einrichtungen und Fabriken in Berlin und Burg bei Magdeburg. Alle Bauten waren ausgesprochen dem Stil des Neuen Bauens verpflichtet (6).

Auf Grund ihrer jüdischen Abstammung waren Arthur Korn und Siegfried Weitzmann seit 1933 aus der Reichskammer der bildenden Künste ausgeschlossen. Weitzmann flüchtete nach Palästina, und Korn ging nach einem zweijährigen Aufenthalt in Zagreb zurück nach London, wo er schon 1934 gewesen war, als er mit Walter Gropius an der C.I.A.M.-Konferenz teilgenommen hatte.

Es dauerte nicht lang, bis der Avantgarde-Architekt Arthur Korn aus Deutschland sich einen Namen in England machte. 1938, kurze Zeit nach der Gründung der M.A.R.S.-Gruppe, der die Aufgabe zugeteilt wurde, einen Masterplan für London zu erarbeiten, wurde er zu ihrem Vorsitzenden ernannt (7).

25 Jahre wirkte Korn als Professor, seit 1941 an der renommierten Hochschule ›Oxford School of Architecture‹ und seit 1945 an der ›Londoner Architectural Association School of Architecture‹. 1964 und 1965 wurden ihm in London Auszeichnungen im Bereich der Stadtplanung verliehen. Nach seiner Pensionierung 1966 übersiedelte er nach Österreich, wo er am 14. November 1978 in Klosterneuburg bei Wien starb. Arthur Korn war seit 1963 Mitglied der Akademie der Künste Berlin. Betrachtet man Korns Biographie, als eine von rund 450 entrechteten jüdischen Architekten im Dritten Reich, so war er der einzige neben Erich Mendelsohn, dem es gelang, seine Karriere in dem Land, wohin er sich rettete – im Gegenteil zu Erich Mendelsohn als unbekannter Architekt – , fortzusetzen: Architekt, Innenarchitekt und Autor in Deutschland, Stadtplaner, Lehrer sowie Autor auch in England (8).

Vor Ausbruch des Ersten Weltkrieges war Arthur Korn kurze Zeit in der Stadtbauabteilung des Verbandes Groß-Berlin tätig. Damals noch unerfahren im Bereich der Stadtplanung, setzte er sich mit drei Grundfragen auseinander: was ist eine Stadt? was unterscheidet eine alte von einer neuen Stadt? wie können wir eine moderne Stadt künstlerisch zum Ausdruck bringen? Mit dem vorliegenden Buch, das er fünfzehn Jahre später verfaßte, wollte er, so denke ich mir, auf seine Grundfragen eine Antwort geben.

Zweifellos war Arthur Korn von Paul Scheerbarts Plädoyer für die Glasarchitektur aus dem Jahr 1914 inspiriert. Scheerbart schreibt (9):

»Wir leben zumeist in geschlossenen Räumen. Diese bilden das Milieu, aus dem unsre Kultur herauswächst. Unsre Kultur ist gewissermassen ein Produkt unsrer Architektur. Wollen wir unsre Kultur auf ein höheres Niveau bringen, so sind wir wohl oder übel gezwungen, unsre Architektur umzuwandeln. Und dieses wird uns nur dann möglich sein, wenn wir den Räumen, in denen wir leben, das Geschlossene nehmen. Das aber können wir nur durch Einführung der Glasarchitektur, die das Sonnenlicht und das Licht des Mondes und der Sterne nicht nur durch ein paar Fenster in die Räume läßt, sondern gleich durch möglichst viele Wände, die ganz aus Glas sind – aus farbigen Gläsern. Das neue Milieu, das wir uns dadurch schaffen, muß uns eine neue Kultur bringen«.

Schon mit seinen Bauten in Berlin zählte Korn zu den Architekten, die die moderne Architektur mitbestimmten, und mit seinem Buch zum Thema Glas leistete er einen schriftlichen Beitrag zum »L'Esprit Nouveau«, wie er es selbst ausdrückte (10). Unterstützt wurde er von seinem Berliner Verleger Ernst Pollak, einem begeisterten Befürworter der Moderne, der es sich zur Aufgabe gestellt hatte, die Entwicklung der neuen Architektur nach dem Ersten Weltkrieg, über die Grenzen von Deutschland hinaus, zu dokumentieren und sie der Öffentlichkeit mit einer Reihe von Publikationen zugänglich zu machen (11).

Das vorliegende Buch besteht aus etwa 50 Beispielen von verschiedenen Arten von Gebäuden, privaten und öffentlichen, wie Einfamilienhäuser oder Bürogebäude, Fabriken oder Krankenhäuser, aus sieben europäischen Ländern und den U.S.A. Bezeichnend für diese Objekte ist, daß sie mit großzügigen Glasflächen, sei es als Außenwand oder als Trennwand, versehen waren. Korn fügte noch Beispiele von öffentlichen und privaten Räumen hinzu, deren Decken oder Fußboden ebenfalls mit Glas ausgestattet waren. Ebenfalls dazu gehören Möbel, wie Glasschränke, Glastische und nicht zuletzt auch Wandglasbilder.

Dabei stellte Arthur Korn mit großer Begeisterung fest, daß eine Wende in der Geschichte der Architektur eingetreten sei; nämlich insofern, als es die neue Technik ermöglichte, Abschied von den »versteinerten Mauern« zu nehmen und das Glas als Außenwand zu verwenden. »Eine Wendung ist vollzogen«, »gegenüber der Vergangenheit ist etwas absolut Neues«, ein »Neuer Zustand« ist eingetreten, der viele »Neue Möglichkeiten« in sich birgt. Korn ahnte jedoch nicht, daß die Freude am Neuen und der »Abschied von den versteinerten Mauern« kurzlebig sein sollte.

Paul Scheerbart war vorsichtiger. Kurz vor dem Ausbruch des Ersten Weltkrieges veröffentlichte er die folgenden Gedanken:

»Nach dem Gesagten können wir wohl von einer ›Glaskultur‹ sprechen.

Das neue Glas-Milieu wird den Menschen vollkommen umwandeln.

Und es ist nun nur zu wünschen, daß die neue Glaskultur nicht allzu viele Gegner findet.

Es ist dagegen zu wünschen, daß die Glaskultur immer weniger Gegner findet.

Am Alten hängen – das ist ja wohl in manchen Dingen eine ganz gute Sache; wenigstens wird das Alte dadurch erhalten.

Wir wollen auch am Alten hängen – die Pyramiden im alten Ägypten sollen ganz bestimmt nicht abgeschafft werden.

Aber auch Neues wollen wir erstreben – mit allen Kräften, die uns zu Gebote stehen – mögen diese immer größer werden« (12).

Scheerbarts Wünsche kamen nicht zur Erfüllung. Im Gegenteil. Die Zahl der Gegner des Neuen stieg von Tag zu Tag. Mit der Machtübernahme durch die Nationalsozialisten in Deutschland 1933 ist eine Zäsur in der Geschichte der Architektur eingetreten. Aber nicht etwa, weil das Verwenden von Glas beim Bauen nicht den Machthabern entsprach, wie möglicherweise zu erwarten wäre. Im Gegenteil. In Wasmuths Lexikon der Baukunst aus dem Jahr 1937 wurde der Begriff ›Glasarchitektur‹ von dem Architekten Alfons Leitl behandelt (13). Wenn auch etwas zurückhaltend und zögernd, so bejahte Leitl doch immerhin die Verwendung von Glas in der Architektur infolge der technischen Entwicklung und lehnte die »neue Ästhetik« nicht ab:

»Glasarchitektur ist ein Begriff, der in der architektonischen Erneuerungsbewegung allzu stark von der ästhetischen Seite her betrachtet wurde und damit die Bedeutung eines modernen Programmwortes erhielt. Läßt man den Begriff überhaupt gelten, so bezeichnet er zunächst die vermehrte und gegenüber der früheren Architektur veränderte Anwendung des Glases im neuen Bauen. (...)

Die, im ganzen gesehen, stärkere und für das neue Bauen bezeichnende Verwendung des Glases beruht auf der verbesserten Technik der Glasherstellung, die vor allem auch größere Scheiben gebracht hat, und in der veränderten Technik des Bauens. (...)

Die Erkenntnis der architektonischen Wirkungsmöglichkeiten des Glases, besonders großer Spiegelglasscheiben, brachte zunächst eine überspannte Verwendung des Baustoffes. Das hat in der Folge als Gegenwirkung zum Teil eine gewisse Fensterängstlichkeit bewirkt, zum Teil aber auch zu einer maßvollen und künstlerisch erfreulichen Verwendung des Glases in der Raumbildung geführt« (14).

Die Geschichte des Dritten Reiches hat uns gelehrt, wenn eine Person während dieses Zeitraumes im öffentlichen Leben stand, wie hier Leitl, dann mußte er in gewisser Weise mit dem politischen System der Nationalsozialisten einverstanden sein bzw. ihm entsprechen. So entnehmen wir aus Leitls Begriffs-Erläuterung, daß das Glas im Bau wenigstens theoretisch auch für den Nationalsozialismus als Merkmal des neuen Bauens galt und keinesfalls verpönt oder beschimpft wurde, wie vermeintlich zu erwarten wäre.

Und doch hatten die herrschenden Mächte im Dritten Reich mit ihrer nationalsozialistischen Politik Einfluß auf die Entwicklung der Glasarchitektur in Deutschland genommen. Dem nachzugehen ist das Hauptanliegen dieses Beitrages.

Etwas mehr als die Hälfte aller Beispiele von »Glas im Bau und als Gebrauchsgegenstand«, die Arthur Korn hier dokumentierte, stammte aus Deutschland. Ihre Schöpfer waren die Mitbestimmenden der Avantgarde-Architektur in der Weimarer Republik. Wie Arthur Korn waren auch Otto Bartning, Walter Gropius, Cesar Klein, Carl Krayl, Hans und Wassili Luckhardt, Ludwig Mies van der Rohe, Adolf Rading und Mart Stam Mitglieder der Novembergruppe, jener Vereinigung der radikalen bildenden Künstler, Maler, Bildhauer und Architekten. Die Vereinigung wurde im November 1919 gegründet, personell und programmatisch mit dem »Bauhaus« verbunden.

Alle hier genannten Architekten beteiligten sich an den von dieser Vereinigung organisierten Jahresausstellungen. Dabei konnten Architekten und Künstler anderer Sparten ihre neuen Ideen der Öffentlichkeit vorstellen und verbreiten (15). Viele von ihnen gehörten auch gleichzeitig dem älteren Werkbund an, wie Adolf Abel, Otto Bartning, Peter Baumann, Richard Döcker, Walter Gropius, Erwin Gutkind, Otto Haesler, Ernst May, Erich Mendelsohn, Ludwig Mies van der Rohe, Bruno Paul, Adolf Rading, Wilhelm Riphahn, Hans Scharoun, Karl Schneider und Heinrich Straumer, also gut über die Hälfte von denen, die mit »Glas im Bau« in Korns Werk vertreten sind. Nicht zuletzt sollten hier auch die Mitglieder des »Ring«, der Vereinigung der Architekten, welche die Architektur in ihrer extrem modernen Gestalt vertraten, erwähnt werden. Zu ihnen zählten Otto Bartning, Richard Döcker, Walter Gropius, Otto Haesler, Arthur Korn, Carl Krayl, die Brüder Luckhardt, Ernst May, Erich Mendelsohn, Ludwig Mies van der Rohe, Adolf Rading, Hans Scharoun und Karl Schneider. Somit war beinahe jeder der von Korn vorgestellten deutschen Künstler in mehrfacher Weise kulturpolitisch organisiert.

Fünf der hier aufgeführten Künstler waren mit dem Bauhaus verbunden. Der Maler und Kunstpädagoge **Josef Albers** besuchte den Vorkurs bei Johannes Itten, bevor er die Werkstatt für Glasmalerei am Bauhaus errichtete. Von 1923 bis 1933 lehrte er am Bauhaus und während dieser Zeit sind seine Glasbilder und Gebrauchsgegenstände aus Glas entstanden (Korn S. 229–233). Der Architekt **Marcel Breuer** machte ebenfalls seine Ausbildung am Bauhaus, bevor er dort zum Meister und Leiter der Möbelwerkstatt ernannt wurde (Korn 209). Nach Korns alphabetischer Ordnung ist **Walter Gropius** der dritte in der Reihe. »Der Dessauer ›Bauhaus‹-Komplex ist einer der Höhepunkte nicht nur des Lebenswerkes von Walter Gropius, sondern wohl der modernen Architektur insgesamt...Wohl zum erstenmal in der Architekturgeschichte ist hier ein Bau ganz bewußt auch für die Fliegersicht berechnet worden. Die stärkste Faszination hat stets das Werkstattgebäude mit seinen Glasfronten ausgeübt...« (Korn S. 22–27), so der Bauhausforscher und erster Leiter des Bauhaus-Archivs in Berlin Hans Maria Wingler (16). Auch **Ludwig Mies van der Rohe**, letzter Bauhaus-Direktor, hatte mit seinem Modell eines Bürohochhauses von 1921 »einen Weg zur technischen Realisierung der Traumvision vom ›Kristall‹ der Romantik gezeigt, ja er hatte die Verherrlichung der Transparenz so weit getrieben, daß das Skelett des Baues wie ein Gerippe unter dem Röntgenschirm bloß gelegt schien«, so Wingler weiter (Korn S. 17).

Mit dem Bauhaus verbunden, wenn auch nur als Gast-Lehrer für Städtebau und ein Jahr lang, war der niederländische Architekt **Mart Stam**. Hier sind seine Reihenhäuser im Rahmen der Werkbund-Ausstellung »Die Wohnung« in der Weißenhofsiedlung, Stuttgart 1927, abgebildet (Korn S. 96–97). Zu Korns Vertretern in »Das Glas im Bau«, die auch an der Errichtung der Werkbund-Siedlung in Stuttgart teilnahmen, gehören Döcker, Gropius, Mies van der Rohe, Rading und Scharoun.

Wir haben bis jetzt die Leistungen der einzelnen Mitwirkenden kurz beleuchtet und hingewiesen auf ihr politisches Engagement für das Neue. Um dem Nachwort gerecht zu werden, wäre ein Abschnitt einzufügen, der sich dem Leben und Werk der betroffenen Künstler und Architekten in den nachfolgenden nationalsozialistischen Jahren widmet; zumal schon 1934 keine der hier erwähnten Institutionen oder unabhängigen Künstler- und Architekten-Vereinigungen mehr existierte. Entweder wurden sie von den Nationalsozialisten aufgelöst oder es fehlte ihnen die innere Kraft, dem Regime zu widerstehen.

Die Frage, welche Haltung diese Architekten annahmen und wie sie auf die neuen Machthaber reagierten, kann nur differenziert beantwortet werden, da die Entscheidung jedem Architekten individuell überlassen wurde; ausgenommen waren die jüdischen Architekten.

Alle fünf der hier vertretenen, mit dem Bauhaus verbundenen Lehrer und Architeken verließen zwischen 1933 und 1937 Deutschland.

Josef Albers (1888–1976) ging unmittelbar nach der Machtübernahme mit seiner jüdischen Frau, der Bauhaus-Weberin Anni Albers geborene Fleischmann, in die USA, wo er bis 1949 am Black Mountain College, einer Avantgarde-Schule in Ashville, North Carolina, die Bildnerische Grundlehre unterrichtete. 1950 bis 1959 war er Direktor des Department of Design an der Yale University in New Haven, Connecticut. Albers wurde in Bottrop geboren und starb in New Haven.

Marcel Breuer (1902–1981) emigrierte auf Grund seiner jüdischen Abstammung zunächst in sein Geburtsland Ungarn und 1935 weiter nach London. Zwei Jahre später ging er in die USA, wo er bis 1946 als Professor für Architektur an der Harvard University, Cambridge, wirkte. Zeitweise betrieb er ein gemeinsames Büro mit Gropius. Marcel Breuer starb in New York.

Der Gründer und von 1919 bis 1928 der erste Direktor des Bauhauses **Walter Gropius** (1883–1969) war kein politisch Verfolgter im engeren Sinn, doch dem völkischen Regime mißliebig (17). Als die Aufträge ausblieben, verließ er 1934 Deutschland, siedelte sich in London an und betrieb bis 1937, zusammen mit Maxwell Fry, ein Büro. Die Berufung an die Harvard University lockte ihn nach USA, wo er auch als Architekt und Lehrer eine steile Karriere machte. Gropius wurde in Berlin geboren und starb in Boston, USA.

Ludwig Mies van der Rohe (1886–1969) war ebenfalls nicht politisch verfolgt, war jedoch allmählich beruflich eingeschränkt (18). 1937 emigrierte er nach Chicago, und von 1938 bis 1958 war er Direktor der Architektur-Abteilung des »Armour Institute«, des späteren »Illinois Institute of Technology«. Mit seinen Bauten vor allem in Chicago und New York hat er entschieden die Architektur des zwanzigsten Jahrhunderts stark beeinflußt. Mies van der Rohe wurde in Aachen geboren und starb in Chicago.

Weniger drastisch war der Fall **Mart Stam** (1899–1986). Obwohl seine Biographie von Unruhe gekennzeichnet ist, war Stam weder politisch noch fachlich bedroht. In Holland geboren, lebte er in Frankfurt am Main, als er am Bauhaus tätig war. 1929 verließ er Deutschland und arbeitete einige Jahre in Rußland, bevor er wieder nach Amsterdam zurückkehrte. Seine Erfahrung in dem kommunistischen Land brachte ihm von 1948 bis 1953 eine Stellung erst an der Kunstakademie in Dresden und danach an der Kunsthochschule in Berlin-Weißensee. Stam wurde in Purmerend geboren und starb in Zürich.

Nach der Ersten Verordnung zur Durchführung des Reichskulturkammer-Gesetzes vom 1. November 1933 waren alle »Juden, jüdische Mischlinge und mit Juden verheiratete« Künstler aus der Reichskulturkammer ausgeschlossen. Zu den Betroffenen zählten auch die Architekten. Damit wurde ihnen die Berufbezeichnung entzogen, und die Chancen für einen beruflichen Werdegang im Dritten Reich waren ihnen genommen.

Unter den von Arthur Korn aufgeführten deutschen Architekten waren es zehn, die unter dieses Gesetz fielen.

Die Fälle von **Josef Albers** und **Marcel Breuer** wurden schon bei der Behandlung der Bauhaus-Meister dargestellt. Nach der alphabetischen Reihenfolge ist nun der Berliner Architekt **Erwin Gutkind** zu nennen (1886–1968). Er ist hier mit einer Vielzahl von Wohnanlagen, die er in den 20er Jahren in den Berliner Bezirken wie Lichtenberg, Pankow, Reinickendorf, Spandau und Tempelhof errichtete, vertreten (Korn S. 118–121). Gutkind flüchtete 1935 nach London, wo er verschiedene Tätigkeiten im Bereich der Stadtplanung ausübte. 1956 emigrierte er nach USA, wo er bis zu seinem Tod eine Professur für Stadtplanung an der Kunstschule der Universität von Pennsylvania in Philadelphia innehatte.

Arthur Korn selbst stellt mehrere der Glasarchitektur-Objekte vor, die in Zusammenarbeit mit seinem Partner **Siegfried Weitzmann** entstanden. Über die Emigration der beiden Architekten nach 1933 wurde bereits am Anfang dieses Aufsatzes geschrieben.

Der Architekt **Alfons Anker** (1872–1958) war, als er 1924 eine Partnerschaft mit den Brüdern Luckhardt einging, bereits ein vielbeschäftigter Architekt in Berlin. Trotz seines Austritts aus der jüdischen Gemeinde und Übertritts zum evangelisch-lutherischen Glauben galt er im Nationalsozialismus als Jude. Die Zusammenarbeit mit seinen Partnern wurde 1933 beendet. Anker hoffte lange Zeit auf Veränderung zum Besseren. Doch mußte er sich endlich 1939, unter großen Schwerigkeiten, nach Stockholm absetzen, um der Verfolgung zu entgehen. Anker kam in der Emigration nicht mehr zum Bauen. Er wurde in Berlin geboren und starb in Stockholm.

Einer der bekanntesten Architekten war **Erich Mendelsohn** (1887–1953). Er emigrierte bereits Ende März 1933 über Holland nach England. Von 1934 bis 1941 übte er seinen Beruf in England und gleichzeitig in dem damaligen Palästina aus. Anschließend übersiedelte er in die USA. Er lehrte und arbeitete bis zuletzt in San Francisco, wo er auch starb.

Die Architekten **Adolf Rading** und **Karl Schneider** waren mit jüdischen Frauen verheiratet. Die beiden kehrten dem nationalsozialistischen Deutschland den Rücken und kamen nie zurück.

Der in Berlin geborene **Adolf Rading** (1888–1957), von 1923 bis 1932 Professor für Architektur an der Staatlichen Akademie für Kunst und Kunstgewerbe Breslau, betrieb zeitweise auch eine Bürogemeinschaft mit Hans Scharoun in Berlin. Nach dreijähriger Arbeit in der Landwirtschaft in Frankreich ging er 1936 mit seiner Frau nach Haifa, arbeitete dort als Privatarchitekt und von 1943 bis 1950 als Stadtarchitekt der Bauverwaltung. 1950 emigrierte Rading nach London, wo er weiter wirken konnte. Er starb in London.

Der in Mainz geborene **Karl Schneider** (1892–1945) arbeitete in Hamburg und flüchtete 1937 mit seiner Frau nach Chicago. Dort verbrachte er seine letzten sieben Lebensjahre schlecht bezahlt als Industriedesigner in einem großen Versandhauskonzern.

Der Architekt **Ernst May** (1886–1970), schon vor der Machtübernahme als ›Kultur-Bolschewist‹ beschimpft, weil er in Arbeitsverhältnissen mit sowjetischen Baubehörden stand, beeilte sich, Deutschland zu verlassen. Über Wien und Genf emigrierte er 1933 nach Kenia und wirkte zeitweise als Architekt in Uganda und Tansania (19). May kehrte 1953 nach Deutschland zurück, es gelang ihm noch ein paar Jahre vor seiner Pensionierung, als Professor an der Technischen Hochschule Darmstadt zu wirken. Ernst May wurde in Frankfurt am Main geboren und starb in Hamburg.

Der Maler und Graphiker **Cesar Klein** (1876–1954), von Korn mit einem dekorativen Mosaik vorgestellt (Korn S. 225), wurde im Dritten Reich zum unerwünschten Lehrer und Künstler erklärt. Lebenslang hatte er beharrlich seine Kunst politisch verteidigt: 1914 war er im Vorstand des Werkbundes, 1918 Mitbegründer der November-Gruppe, gehörte ihrem Vorstand an und war vor 1933 ihr letzter Vorsitzender. Von 1919 bis 1931 beteiligte er sich fast jährlich an ihren Ausstellungen. Im Rahmen der im Juli 1937 von den Nationalsozialisten organisierten Ausstellung »Entartete Kunst« in München wurden mehrere Werke von Cesar Klein ausgestellt. Als er 1933 von seiner Tätigkeit als Professor und Leiter der Klasse für Wand- und Glasmalerei und für Bühnenbildgestaltung an der Unterrichtsanstalt des Kunstgewerbemuseums Berlin enthoben wurde, verließ er Berlin. In Hamburg geboren und in Pansdorf bei Lübeck gestorben, blieb Cesar Klein während des Dritten Reiches in Deutschland.

In der Tat handelt es sich hier nur um eine relativ kleine Gruppe, die die Verwendung von neuen Technologien, von neuen Materialien und einer daraus entstandenen neuen Sprache in der Architektur tatkräftig unterstützte. Überall, wo es um »Neues Bauen« ging, waren diese Architekten mit ihren Werken anzutreffen (20). Anhand ihrer Biographien konnten wir feststellen, daß die, die im Dritten Reich politisch entrechtet waren, Deutschland verließen, und andere, die sich beruflich eingeschränkt fühlten oder es waren und bessere Angebote im Ausland erhielten, ebenfalls emigrierten.

Geblieben im Land war die Mehrheit der deutschen Architekten; sie standen dem nationalsozialistischen Bauprogramm zur Vefügung (21). Mehr als die Hälfte der in dem vorliegenden Buch mit ihren Bauten vertretenen Architekten haben in den folgenden Jahren »unterm Hakenkreuz« gebaut (22). Auf die Frage, ob, was und wie sie von da an gebaut haben, kann wieder nur individuell geantwortet werden (23).

Alphabetisch steht **Adolf Abel** (1882–1968) am Anfang der bei Korn aufgeführten Architekten. Er war Architekt und Planer und von 1925 bis 1930 Baustadtdirektor von Köln; er hat zusammen mit Heinrich (Hans) Mehrtens, Architekt und Baustadtrat, das Lagerhaus errichtet, das mit seinen horizontalen Fensterbändern stilistisch dem »Neuen Bauen« zuzuordnen ist (Korn S. 38–39). Abels Entwurf für das neue Münchner Kunstausstellungsgebäude wurde 1937 von Hitler als »Badeanstalt«, »Markthalle« oder »Bahnhof« bezeichnet, da »er nicht seinen Vorstellungen von der ›angemessenen‹ architektonischen Repräsentationsform für Kunst entsprach« (24). Abel war 1930–1952 als Professor an der Technischen Hochschule in München tätig.

Hingegen war **Heinrich (Hans) Mehrtens** als Architekt im Dritten Reich erfolgreicher. Als Sieger im Rahmen eines Wettbewerbs 1936/37 realisierte er in der Rheinstrand-Siedlung in Karlsruhe ca. 400 Wohnungen im ersten Bauabschnitt. Dies wurde damals mit den folgenden Worten kommentiert: »Um trotz der Vielfalt an einzelnen Haustypen einen einheitlichen Eindruck zu vermitteln,...wurden Richtlinien für sämtliche Bauten erarbeitet: einheitliches Dachmaterial und einheitliche Dachform (etwa gleich Dachneigung, keine unruhigen Dachaufbauten), genormte Holzfenster und gleiche Gesimslösungen, weißer Fassadenputz, einheitliche Gartengestaltung«, also Mehrtens' Entscheidung für eine monotone Architektur wurde als Vorteil ausgegeben (25).

Als das Bauhaus in Weimar geschlossen worden und nach Dessau umgezogen war, übernahm **Otto Bartning** (1883–1959) die Leitung der Bauhochschule als Nachfolgeinstitution des Bauhauses in Weimar. Durch Erlaß wurde er 1930 von Paul Schultze-Naumburg als Leiter abgelöst. Nach seiner Entlassung kehrte Bartning zurück in sein Berliner Büro und beschäftigte sich wieder mit Kirchenbauten.

Der Architekt und Innenarchitekt **Peter Baumann** (1889–1953) hat im Dritten Reich weiterhin Umbauten durchgeführt und Läden gestaltet. Hartnäckig war der Architekt **Richard Döcker** (1894-1968). Er wollte weder seine Heimat verlassen, noch seine Überzeugung von Avantgarde-Architektur aufgeben. Dies hat ihm bittere Zeiten bereitet. Erst Ende 1941 war er wieder als Architekt gefragt und ab 1943 wurde ihm sogar die Leitung des zentralen Entwurfsbüros in Saarbrücken übertragen.

Otto Haesler (1880–1962) arbeitete bis 1934 als selbständiger Architekt in Celle, nach 1945 übernahm er die Leitung des Wohnungsbaus in Rathenow (26).

Von den Nationalsozialisten 1933 als »Kulturbolschewist« denunziert, war **Carl Krayl** (1890–1947) gezwungen, sein Architekturbüro in Magdeburg aufzugeben. Zwischen 1938 und 1946 arbeitete er als technischer Angestellter bei der Reichsbahnhochbaudirektion.

Die Brüder **Hans** (1890–1954) und **Wassili Luckhardt** (1889–1972), nachdem sie sich von ihrem Partner Alfons Anker getrennt hatten, traten am 1. Mai 1933 in die Nationalsozialistische Deutsche Arbeiterpartei (NSDAP) ein. Ihr Werkverzeichnis weist nach 1933 einige private Wohnhäuser auf, unter anderem in Berlin-Dahlem, in Glienicke und in Klein-Machnow, die mit Walmdächern versehen waren, wie es damals vorgeschrieben war. Ihre vorher entstandenen Wohnhäuser wie die von 1924/25 in der Siedlung an der Schorlemerallee in Berlin-Dahlem hatten Flachdächer, sie waren während der Zusammenarbeit mit Alfons Anker entstanden.

Bruno Paul (1874–1968) machte sich einen Namen nicht nur als moderner Architekt, sondern auch als Graphiker und Kunstgewerbler, der besonders viel Sinn für Verwendung von Glas in Innenräumen hatte. Er verließ 1933 Berlin, übersiedelte nach Düsseldorf, wo er weiterhin wirken konnte: Von 1935 bis 1937 sind zwei seiner Wohnsiedlungen in Köln entstanden, in den Kriegsjahren 1939/40 baute er, zusammen mit Paul Schaeffer, eine Siedlung in Dessau. Seine Wohnbauten aus den dreißiger Jahren waren auch mit Walmdächern versehen.

Wilhelm Riphahn (1889–1963), bekannt als ›Kölner‹ Architekt, ist hier mit Inneneinrichtungen, zusammen mit **Caspar Maria Grod**, aufgeführt (Korn S. 149–151). Während des Dritten Reiches war Riphahn als Architekt in seiner Heimatstadt gefragt. Er errichtete Wohnhäuser teilweise auch für private Bauherren. Als Hausarchitekt der Gemeinnützigen A.G. für Wohnungsbau (GAG) erstellte er Bebauungspläne für Siedlungen in der Umgebung von Köln. Über sein Ufa-Wochenschautheater von 1942 gibt Weihsmann folgenden Kommentar: »Daß der sonst kaltgestellte Architekt sich nicht bemüßigt fühlte, ein gefälliges, albern programmatisches ›Parteikino‹ hinzustellen, sondern einen durchaus versachlichten Bau plante, verdient Respekt« (27).

Hans Scharoun (1893–1972) begann seine Karriere als Architekt, als im Jahr 1913 sein Entwurf für das Haus Kruchen in Berlin-Buch realisiert wurde. Von da an bis zum seinem Tod – ausgenommen die Jahre zwischen 1941 und 1945 – gelang es ihm, ununterbrochen beschäftigt zu sein. Die Bauherren seiner Einfamilienhäuser in den dreißiger Jahren zählten zu seinen Freunden oder Verwandten. Stilistisch sind die Häuser von seiner ›organischen‹ Handschrift geprägt.

Neben Riphahn zählte auch **Hans Schumacher** (1891–1982) zu den fortschrittlichen ›Kölner‹ Architekten der zwanziger Jahre. Mit seinem Pressa-Pavillion »Haus der Arbeiterpresse« (Korn S. 60–65) und mit einer Reihe von Einfamilienhäusern im Stil des Neuen Bauens in Köln machte er sich einen Namen. »Nach 1933 sind seine Bauten erstaunlich angepaßt und oft über das Maß konservativ«, kommentiert Wolfram Hagspiel, der Denkmalpfleger von Köln (28).

Der in Chemnitz 1876 geborene **Heinrich Straumer** starb schon 1937 in Berlin, so ist es uns erlaubt, ihn als Verfechter der Moderne einzuordnen. Als solchen weisen ihn vor allem der Funkturm von 1926 sowie das Ensemble von Deutschlandhaus und Amerikahaus in Charlottenburg aus, welches 1930 fertiggestellt wurde.

Dieser Querschnitt durch Leben und Werk der Vertreter des Neuen Bauens in zwei verschiedenen politischen Systemen vermittelt uns die Erkenntnis, daß die Architektur im allgemeinen von den Einflüssen der Politik nicht frei ist.

Die radikalen Künstler und Architekten in der Weimarer Republik hatten Institutionen gegründet und dabei ihre Ideen für eine neue soziale, künstlerische und technische Architektur thematisiert, sie teilweise realisiert und manifestiert.

Infolge der »Säuberungsaktion« durch die Nationalsozialisten verließen im Dritten Reich ein paar Protagonisten des Neuen Bauens freiwillig und die jüdischen Kollegen zwangsweise das Land. Mit ihrem Weggang ist auch ein Geist der Erneuerung und der Fortschritt von deutschem Boden verschwunden. Eine kleine Minderheit unter den radikalen Architekten, welche geblieben ist, hat sich im großen und ganzen den zahlreichen konservativen Kollegen angeschlossen.

Auf den Lapidarium Conferences in Berlin im Jahr 1995, im Rahmen der Internationalen Architekturgespräche, bewertete der englische Architekt David Chipperfield die Architektur in der Hauptstadt mit den Worten: »Die Entwicklung von Glas als Werkstoff und von Verglasungssystemen hatte die stärkste Wirkung auf die moderne Architektur. Die Transparenz des Glases vermag die Solidität der Box zu entmaterialisieren. (...) In der Berliner Debatte ist Glas zum Inbegriff einer substanzlosen Architektur geworden« (29).

Zwischen Arthur Korns Prophezeiung zur Verwendung von Glasarchitektur und David Chipperfields Feststellung liegen rund 70 Jahre versteinertes Berlin. Die Folge der Unterdrückung der Avantgarde in der Architektur durch Hitler und seine Gefolgschaft ist bis heute spürbar.

Anmerkungen

(1) Paul Scheerbart, Glasarchitektur, (Berlin 1914) München 1986, S. 129.

(2) Michael Wigginton, Glas in der Architektur. Stuttgart 1997.

(3) Congrès Internationaux d'Architecture Moderne (C.I.A.M.).

(4) Das Kunstblatt, Potsdam, Heft 11/12, 1923, S. 331–335.
Heinrich de Fries, Hrsg., Moderne Villen und Landhäuser, Berlin 1925, S. 202–204.
Bauwelt, Berlin, Heft 36, 1926, S. 9–16.
Bauwelt, Heft 15, 1931, S. 1–8.
The Architects' Journal, Westminster September 27, 1934, S. 458–460.
Bauwelt, Heft 31/32, 1961, S. 902–903.

(5) Von den Berliner Wohnhäusern ist ein einziges im Bezirk Zehlendorf noch vorhanden und steht unter Denkmalschutz.

(6) Myra Warhaftig, Sie legten den Grundstein. Tübingen, Berlin 1996, S. 386.

(7) Modern Architectural Research (M.A.R.S.)

(8) Siehe Liste seiner Schriften

(9) Scheerbart hat es Bruno Taut gewidmet, anläßlich seiner »Glas-Haus« Präsentation auf der ersten Werkbund-Ausstellung in Köln.
Wie Anm. (1), S. 7

(10) Arthur Korn, 1891 to the present day. In: Architectural Association Journal, London December 1957, S. 116.

(11) Ernst Pollak war bis 1933 Inhaber einer Buchhandlung in Berlin-Wilmersdorf und eines kleinen Verlages in Berlin-Charlottenburg. Bis er, als Prager Jude, das Land verlassen mußte, brachte er einige Sammelwerke mit Beispielen internationaler zeitgenössischer Avantgarde-Architektur unter verschiedenen Schwerpunkten heraus.
Leo Adlers »Neuzeitliche Miethäuser und Siedlungen« ist 1998 und Emanuel Josef Margolds »Bauten der Volkserziehung und der Volksgesundheit« ist 1999, beide beim Gebr. Mann Verlag Berlin, neu aufgelegt worden.
Ernst Pollak, am 3.12.1893 geboren, emigrierte zuerst nach Prag, von dort nach Italien, wo er 1942 interniert wurde. Sein weiteres Schicksal ist bis heute unbekannt. Vgl. Roland Jaeger, Neue Werkkunst, Berlin 1998, S.128–129.

(12) wie Anm. (1), S. 119.

(13) Alfons Leitl 1909–1975. In: Deutsches Architektenblatt, Stuttgart, Mai 1999, S. 644–645.

(14) Wasmuths Lexikon der Baukunst. Fünfter Band - Nachtrag, Berlin 1937, S. 251–252.

(15) vgl. Helga Kliemann, Die Novembergruppe, Berlin 1969.

(16) Hans Maria Wingler, Das kristallene Symbol. In: glasform, 6 - 1959, 9. Jahrgang, S. 35–37.
Den Hinweis auf diesen Artikel verdanke ich Hedwig Wingler.

(17) vgl. Peter Hahn, Wege der Bauhäusler in Reich und Exil. In: Bauhaus-Moderne im Nationalsozialismus, Winfried Nerdinger, Hrsg., München 1993, S. 202–213.

(18) wie Anm. (17), S. 207.

(19) Vermutlich war seine Mutter jüdischer Abstammung.

(20) vgl. Heinrich de Fries, Moderne Villen und Landhäuser. Berlin 1925.
Walter Müller-Wulckow, Architektur der Zwanziger Jahre in Deutschland. Königstein im Taunus 1975.
Leo Adler, Hrsg., Neuzeitliche Miethäuser und Siedlungen, Berlin 1998. Emanuel Josef Margold, Hrsg., Bauten der Volkserziehung und Volksgesundheit, Berlin 1999, u.a.

(21) Werner Durth, Deutsche Architekten. Biographische Verflechtung 1900–1970. Braunschweig 1986.

(22) vgl. Helmut Weihsmann, Bauen unterm Hakenkreuz, Wien 1998.

(23) Die Feststellung über verwandelten »künstlerischen Geschmack« unter dem neuen politischen Regime konnte ich bei der Arbeit zu meinem Aufsatz »Der Aufstieg und der Fall des ›Neuen Bauens‹. Zu Leo Adlers Zeitdokumentation«, machen. In: Leo Adler, Hrsg., »Neuzeitliche Miethäuser und Siedlungen«. Berlin 1998, S. 273–314.

(24) Winfried Nerdinger, Bauhaus-Architekten im ›Dritten Reich‹. In: Bauhaus–Moderne im Nationalsozialismus, Winfried Nerdinger, Hrsg., München 1993, S. 170.

(25) wie Anm. (22), S. 549.

(26) Im April 1998 wurde in Celle die »otto haesler initiative e.v.« gegründet, mit dem Ziel, seine Werke zu erhalten und unter denkmalpflegerischen Gesichtspunkten zu fördern.

(27) wie Anm. (22), S. 592.

(28) Wolfram Hagspiel, Köln: Marienburg, Köln 1996, Band II, S. 944–947.

(29) Christopher Urs Werk, Dreimal Glas in Berlin. In: bau, Stuttgart 1/1999, S. 12.
Hans Stimmann, Hrsg., Babylon, Berlin etc. Das Vokabular der europäischen Stadt. Lapidarium Conferences 1995. Basel 1995.

Bücher von Arthur Korn:

Glas im Bau und als Gebrauchsgegenstand. Berlin 1929.
Englische Übersetzung: Glass in Modern Architecture. London 1967, Barrie and Rockliff; New York, George Braziller, mit einem Vorwort von Dennis Sharp.
History Builds the Town. London 1953.

Artikel von Arthur Korn (Auswahl):

Analytische und Utopische Architektur. In: Das Kunstblatt, Potsdam Heft 11–12, 1923, S. 336–339.
Auch in: Ulrich Conrads, Hrsg. Programme und Manifeste zur Architektur des 20. Jahrhunderts, Berlin 1964, S. 71–72.
Neuzeitliche Straßenreklame. In: Die Form, Berlin, vol. 12, 1926.
A New Plan for Amsterdam. In: The Architectural Review, London June 1938, S. 265–276.
A Master Plan for London. In: Architectural Review, London June 1942, S. 143–150. Mit Felix J. Samuely.
Arthur Korn, 1891 to the present day. In: Architectural Association Journal, London December 1957, S. 114–135.
55 Years in the Modern Movement. In: Arena, Architectural Association Journal, London April 1966, S. 263–265.

Artikel über Arthur Korn (Auswahl):

Dennis Sharp, Arthur Korn 1891–1978 in memoriam. In: Architectural Association Quarterly, London vol. 11, No. 3, 1979.
Biographisches Handbuch der deutschsprachigen Emigration nach 1933, München, New York, London, Paris 1983, Band II, S. 649–650.
Dennis Sharp, Gropius und Korn: Zwei erfolgreiche Architekten im Exil. In: Kunst im Exil in Großbritannien 1933–1945, Berlin 1986, S. 206–208.
Charlotte Benton, A Different World: Emigré Architects in Britain 1928–1958, London 1995, S. 176–178.
Myra Warhaftig, Jüdische Architekten vor und nach 1933. In: Architektur und Ingenieurwesen zur Zeit der nationalsozialistischen Gewaltherrschaft, Hrsg. von Ulrich Kuder, Berlin 1997, S. 157–177.
Markus Jaeger, Arthur Korn 1891–1978. In: Deutsches Architektenblatt, Stuttgart Mai 1998, S. 607–608.